高职水利类专业
分层多维动态调整
理论研究与创新实践

胡昊　王韶华　陶永霞　雷恒　王宏涛　职保平　姜楠　李欢　著

U0294407

中国水利水电出版社
www.waterpub.com.cn
·北京·

内 容 提 要

　　本书基于水利行业加速变革及水利新质生产力加快发展的现实背景，通过对职业教育水利类专业建设系统调研，开展水利技术技能人才培养供给侧和产业需求侧匹配分析，从专业结构优化和专业内涵提升两个维度构建服务现代水利产业升级的专业动态调整理论体系，创新校企-校际深度融合的协同工作模式，研制高职水利类专业多维度动态调整机制，打造服务产业升级的高等职业教育水利类专业人才培养路径，探索职业教育"五金"新基建建设模式，最终形成"分层递进、多维融合、动态调整"的人才培养范式，为水利高质量发展提供技术技能人才支撑。

　　本书旨在为高职水利类专业及其他工科类专业动态调整提供参考，提高高等职业教育专业建设的外适性、内适性和个适性，可作为相关高职院校明确专业定位和开展专业优化调整的指导用书，也可为职业教育决策部门及研究机构提供数据支撑。

图书在版编目（CIP）数据

高职水利类专业分层多维动态调整理论研究与创新实践 / 胡昊等著. -- 北京 : 中国水利水电出版社，2024.6. -- ISBN 978-7-5226-2650-5

Ⅰ．TV

中国国家版本馆CIP数据核字第20248NQ785号

书　　名	高职水利类专业分层多维动态调整理论研究与创新实践 GAOZHI SHUILILEI ZHUANYE FENCENG DUOWEI DONGTAI TIAOZHENG LILUN YANJIU YU CHUANGXIN SHIJIAN
作　　者	胡昊　王韶华　陶永霞　雷恒　王宏涛　职保平　姜楠　李欢　著
出版发行	中国水利水电出版社 （北京市海淀区玉渊潭南路1号D座　100038） 网址：www.waterpub.com.cn E-mail：sales@mwr.gov.cn 电话：（010）68545888（营销中心）
经　　售	北京科水图书销售有限公司 电话：（010）68545874、63202643 全国各地新华书店和相关出版物销售网点
排　　版	中国水利水电出版社微机排版中心
印　　刷	清淞永业（天津）印刷有限公司
规　　格	184mm×260mm　16开本　11印张　241千字
版　　次	2024年6月第1版　2024年6月第1次印刷
印　　数	0001—1000册
定　　价	**68.00元**

前言

在水利行业向智慧水利、生态水利、民生水利加速转型的背景下，水利新质生产力成为实现水利高质量发展的关键环节，水利新质生产力劳动者、生产资料及其相对应的生产关系都在发生深刻变化，这对全方位提高劳动者素质，打造水利新型劳动者队伍提出新要求。职业教育作为高素质技术技能人才培养的主阵地，需要以专业建设为核心，通过专业动态调整和专业内涵优化，提升专业设置与行业发展和产业需求的适配性，夯实高素质技术技能人才培养的核心基础保障。

本书在解析水利新质生产力加快发展背景下行业及产业变化趋势基础上，以助力发展水利新质生产力为目标，以职普融通、产教融合、科教融汇"三融协同"为视域，通过对我国高等职业教育水利类专业 2017—2023 年建设情况的全面深入调研，对推进水利人才培养供给侧和产业需求侧的匹配度分析，明晰高职水利类专业育人定位，研究围绕水利行业加速转型升级实施专业结构动态调整的机制，并结合黄河水利职业技术学院水利类专业建设实践，探索基于"五金"新基建趋势下水利高职专业内涵建设路径与策略。

本书集成了 2021 年河南省高等教育教学改革研究与实践项目重大课题"服务绿色生态产业升级的高职水利类专业分层级多维度动态调整机制研究与实践"（2021SJGLX643）、国家级职业教育教师教学创新团队专业领域课题重点课题"新时代职业院校绿色生态环境专业领域团队教师教育教学改革创新与实践"（ZH2021040101）、中华职业教育社黄炎培职业教育思想研究规划课题"黄炎培大职业教育主义思想视域下'三教耦合'体系构建研究"（ZJS2024ZN003）的阶段性研究成果。感谢河南高等教育教学改革研究与实践项目、中华职业教育社黄炎培职业教育思想研究规划课题等项目资金对本书出版的资助。在本书成稿过程中，水利部人事司、中国水利教育协会及各水利类高职院校给予了大力支持，国家级职业教育教师教学创新团队绿色生态环境专业领域协作共同体成员单位对成稿完成提供了诸多宝贵建议，在此一并表示感谢！

编者

2024 年 3 月

目录

绪　　论

职业教育作为与经济社会联系最为紧密的教育类型，对促进就业创业、助力经济社会发展、增进人民福祉具有重要意义。2021年，习近平总书记对职业教育工作作出重要指示强调，在全面建设社会主义现代化国家新征程中，职业教育前途广阔、大有可为。党的二十大报告中提出："统筹职业教育、高等教育、继续教育协同创新，推进职普融通、产教融合、科教融汇，优化职业教育类型定位。"这都为职业教育高质量发展指明了方向，吹响了加快建设教育强国的号角。2023年5月29日，中共中央政治局在第五次集体学习时，习近平总书记对教育强国建设作出部署，党和国家对职业教育的重视也向职业教育提出了"强国建设、职教何为"的时代课题。

我国经济处在转变发展方式、优化经济结构、转换增长动力的攻关期，未来产业、前沿产业加快发展，战略性新兴产业、高技术制造业规模不断扩大，数字化与智能化不断催生新的职业、新的岗位。为引导职业教育根据产业新变化，科学合理制定专业，对接新经济、新技术、新职业。近年来，教育部不断加大高等职业教育专业设置调整优化工作力度，引导和支持高等职业教育专科专业设置服务国家重大战略、区域重点产业和特色产业、民生紧缺领域。2021年教育部印发的《职业教育专业目录（2021）》按照"十四五"规划和2035年远景目标对职业教育的要求，在科学分析产业、职业、岗位、专业关系的基础上，对接现代产业体系，服务产业基础高级化、产业链现代化，统一采用专业大类、专业类、专业三级分类，根据产业转型升级更名专业，根据业态或岗位需求变化合并专业，对不符合市场需求的专业予以撤销。并首次一体化设计中等职业教育、高等职业教育专科、高等职业教育本科不同层次专业，适应经济社会发展新变化新增专业，共设置19个专业大类、97个专业类、1349个专业，分别为中职专业358个、高职专科专业744个、高职本科专业247个。其中，中职专业调整幅度为61.1%，高职专科为56.4%，高职本科为260%。

专业动态调整对接产业发展是高职教育产教融合的现实基础，也是职业教育领域供给侧改革的重要抓手。2023年教育部等五部门印发《普通高等教育学科专业设置调整优化改革方案》（下称《方案》），积极回应党的二十大报告中提出的"全面提高人才自主培养质量"的要求，努力推动高等教育从规模增长向质量提升转变。在教育部公布的2024年高等职业教育专科专业设置备案和审批相关工作结果，新增专业点6068个，撤销专业点5052个，调整幅度是自2021年新版职业教育专业目录发布以来最大的一年。教育部高等教育司相关负责人介绍，到 2025 年，将优化调整高校 20％左右学科专业布点，新设一批适应新技术、新产业、新业态、新模式的学科专业，淘汰不适应经济社会发展的学科专业。

高职院校以就业为导向办学，我国已赋予高职院校专业设置自主权。这要求学校切实用好自主权，紧盯产业链条、市场信号、技术前沿、民生需求，在设置专业时充分考虑学校的办学条件，分析社会对专业人才的需求，以及同类专业在其他院校的开设情况。系统科学的专业动态调整机制和模式可以有效提升专业调整决策的说服力，促进专业结构持续优化和建设水平持续提升，推动教育链、人才链和产业链、创新链的有机衔接，引领新时代高职教育高质量发展。因此，亟待基于职业教育专业外部结构调整和专业内涵提升两个层面开展相关专业动态调整研究，提高专业外适性、内适性和个适性，实现职业教育新旧动能转换，办出富有特色并保障质量的专业，切实提高职业教育服务国家战略、服务区域经济和服务人的全面发展适应性，也是实现院校高质量发展的必然路径。

进入新时代，在国家创新驱动发展战略的推动下，水利行业从传统向现代加快转变，国家大力发展民生、生态、智慧等新型水利。本书以助力发展新质生产力为目标，通过深入分析水利类人才供需现状和高职水利类专业结构特征，在职普融通、产教融合、科教融汇"三融协同"背景下精准定位高职水利类专业育人方向，深入研究水利行业加速转型升级过程中专业结构动态调整机制，探索基于"五金"新基建趋势下水利高职专业内涵建设，以期提升水利高素质技术技能人才培养质量，有效支撑新时代水利高质量发展。

第1章　行业转型升级背景下水利技术技能人才供需分析

1.1　水利行业高质量发展内涵与要求

党的十八大以来，习近平总书记站在实现中华民族永续发展的战略高度，亲自谋划、亲自部署、亲自推动治水事业，就治水发表了一系列重要讲话、做出了一系列重要指示批示，开创性提出"节水优先、空间均衡、系统治理、两手发力"治水思路，形成了科学严谨、逻辑严密、系统完备的理论体系，系统回答了新时代为什么做好治水工作、做好什么样的治水工作、怎样做好治水工作等一系列重大理论和实践问题，为推进新时代治水提供了强大思想武器。

1.1.1　深刻认识水利高质量发展的内涵和基本特征

1.1.1.1　新阶段水利高质量发展的内涵

"十四五"规划纲要明确指出"我国已转向高质量发展阶段"，高质量发展，是能够很好满足人民日益增长的美好生活需要的发展，是体现新发展理念的发展，是创新成为第一动力、协调成为内生特点、绿色成为普遍形态、开放成为必由之路、共享成为根本目的的发展。推动水利高质量发展是在对当前我国水利发展阶段、发展环境、发展条件准确判断基础上作出的战略选择，需要统筹协调系统性根本性地解决水灾害、水资源、水生态、水环境等问题，就要求必须准确把握水利发展面临的新形势新要求新任务，加快推进新阶段水利发展的质量变革、效率变革、动力变革。因此，从水如何更高标准、更高水平、更可持续、更加安全地服务经济社会发展和生态环境的角度，水利高质量发展的核心要义可以定义为：建立在尊重自然规律、经济社会规律、生态规律的基础上，以人水关系友好和谐为目标，以经济社会-水-生态环境复合系统为支撑，遵循"以水而定、量水而行"和"空间管控、环境约束"的原则，统筹发展和安全，打造更具韧性的水利基础设施体系和更趋完备的水治理制度体系，提升"四个能力"，即水旱灾害防御能力、水资源节约集约安全利用能力、水资源优化配置能力、河湖生态保护治理能力，为促进经济社会-水-生态环境复合系统协同发展提供坚实的水安全保障。水利高质量发展的概念内涵如图1.1.1所示。

1.1.1.2　水利高质量发展的基本特征

根据水利高质量发展的内涵分析，水利高质量发展的主要特征体现在五个"相适应"。

（1）安全可靠，能够有效应对"灰犀牛"和"黑天鹅"事件，水旱灾害防御能力

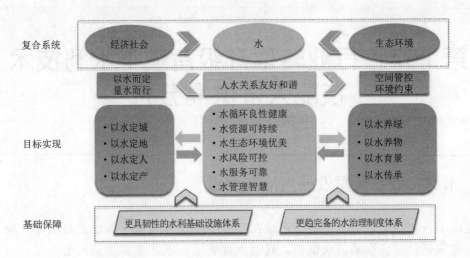

图 1.1.1　水利高质量发展的概念内涵

与现代化风险防控能力相适应。防洪工程建设和管护标准、智能调度水平均达到国际先进水平，对河川径流调蓄有力，能够有效提高抵御水旱灾害能力，最大程度降低灾害损失。

（2）节约高效，经济社会用水和生态用水达到平衡状态，水资源节约集约安全利用能力与现代化国家生产生活方式相适应。经济社会用水效率效益达到同类或相似条件下的先进水平，影响水资源可持续利用和经济社会高质量发展的各种生产与消费行为减少甚至消除。

（3）空间均衡，水资源供给能够高标准保障国家重大战略的实施，水资源优化配置能力与经济社会发展格局相适应。水源调配自如、供给可靠、优质稳定、网络连通，能够有效应对饮用水突发事故，有条件地区能够实现城乡供水基本公共服务均等化，保障农村用水与城市同网同质同服务，保证长期稳定安全的农村供水。

（4）人水和谐，水生态环境质量优良，河湖生态保护治理能力与现代化国家人民美好生活需求相适应。源头全面保护，水土流失有效治理，水流循环通畅，河湖生态流量得到保障，地下水采补平衡，水生态系统稳定健康，公众对水生态环境满意度较高，人民群众能够共享河湖治理成果和优质的水生态产品与服务。

（5）智能先进，预报、预警、预演、预案"四预"措施不断强化，水利智慧化能力与数字经济发展要求相适应。水利数字化、网络化水平和重点领域智能化水平较高，智慧化、数字化、精细化管理水平较高。

综合看，水利高质量发展是形态更高级、基础更牢固、保障更有力、功能更优化的发展。其中，形态更高级表现为更加注重绿色智能发展，更加节约集约和高效利用水资源，从以需定供转变为以水定需；基础更牢固表现为更加注重提供高标准的水利设施和高品质的产品、服务，水利基础设施布局由点向网、由分散向系统转变；保障更有力表现为更加注重统筹发展和安全，提升洪涝干旱防御工程标准，底线思维、忧患意识更加强烈，主动防控水安全风险；功能更优化表现为更加注重满足多元化需求，提高水利基本公共服务水平，提升供给质量、效率和水平，更加注重功能拓展，实现由单一功能向"四水"统筹等综合功能转变。

1.1.2 准确把握新阶段水利高质量发展的目标和要求

水利高质量发展是适应经济社会高质量发展、生态文明和美丽中国建设的必然要求，也是新时代水利适应自身发展的必然要求，推动新阶段水利高质量发展，要把握好以下目标和要求。

（1）要坚持人民至上，把满足人民群众对高品质涉水需求作为水利高质量发展的出发点和落脚点。高质量发展的根本目的是为了人民幸福、实现共同富裕。对水利而言，要以满足人民群众的新期盼为目的，建设造福人民的幸福河，着力解决水利发展的不平衡、不充分问题，保障人民群众的生命财产安全需求，满足人民群众更高的水资源保障需求，为人民群众提供优质、高效、便捷的水利公共服务，提高水利基本公共服务的供给质量和服务质量，给人民群众带来更多的获得感、幸福感、安全感。

（2）要坚持底线思维，把增强水安全忧患意识作为水利高质量发展的必然要求。水安全是涉及国家长治久安的大事，关系人民生命财产安全。目前水已经成为我国严重短缺的产品，成为制约环境质量的主要因素，成为经济社会发展面临的严重安全问题。要强化底线思维，统筹发展和安全，一方面要防范"灰犀牛"，确保标准内洪水不出意外；另一方面更要警惕"黑天鹅"，做好超标准洪水、突发水污染事件应对，提高水安全标准，努力提高预报、预警、预演、预案能力，全面提升水安全保障能力、风险防控能力和应急处置能力。

（3）要坚持生态优先，把绿色发展作为水利高质量发展的普遍形态。水是生态系统的核心，是环境质量改善的主要因素。将山水林田湖草沙系统治理的理念贯穿于水利高质量发展始终，深刻把握"碳达峰""碳中和"对水利发展的要求，推进水资源集约节约安全利用，加快形成绿色高效的生产和生活方式，建设更多的生态水利工程，维护好河湖生态环境，实现人水和谐共生，提升水生态系统质量和稳定性，扩大优质水生态产品和服务供给。

（4）要坚持系统观念，把国家水网建设作为水利高质量发展的重要抓手。当前我国水利工程建设仍存在体系不完善、系统性不强、标准不高、智能化水平不高等问题，水利工程建设已经从补齐短板的攻坚期进入以国家水网引领水利基础设施体系化建设和高质量发展的新阶段。要以国家水网建设为重点，统筹存量和增量，加强互联互通，系统解决瓶颈性、长期性、累积性水问题，提高水安全保障水平与标准，发挥国家水网的战略性和控制性作用，让安全的水流网络成为畅通国内经济大循环的生命线。

1.1.3 科学构建水利高质量发展评价指标体系

1.1.3.1 指标设置的总体考虑

水利高质量发展指标设置应贯彻新发展理念，按照质量第一、效益优先的要求，涵盖水利发展综合质量效益、民生福祉、安全风险等方面，充分反映水资源供给需求、调配以及水利服务公平性、水的安全性等特征，反映防范化解风险的能力。

（1）在综合质量效益方面，突出用水效率效益、供水质量，反映节水效益和水资源刚性约束作用，设置用水总量控制、不同行业用水效率等指标。

（2）在创新发展方面，突出水利智慧化水平，反映实现"四预"目标的要求，设置水库水雨情自动监测覆盖率等指标。

（3）在协调发展方面，突出城乡协调发展，反映农村居民享受与城市居民同样供水标准、质量和服务的能力，设置农村规模化供水人口覆盖比例等指标。

（4）在绿色发展方面，突出美丽中国建设要求，设置水土保持率、重点河湖基本生态流量达标率等指标。

（5）在开放发展方面，指标标准值的设置既要符合我国国情，又要对标国际先进水平。

（6）在共享发展方面，突出人民群众共享水利发展成果，尤其是共享美丽河湖建设成果，设置城市集中式饮用水水源水质达标率、地表水达到或好于Ⅲ类水体比例等指标。

（7）在安全发展方面，突出防洪、供水安全对经济社会的保障作用，反映防范风险的能力，设置水旱灾害损失率、江河堤防达标率、地级及以上城市防洪标准达标率、供水安全系数、城市应急备用水源覆盖比例等指标。

1.1.3.2　指标设置的基本原则

在评价指标制定过程中，重点遵循以下几个原则。

（1）代表性。聚焦水利发展重点领域指标，能够代表我国未来水利高质量发展的方向和目标，不求面面俱到，要便于进行国内外以及不同地区之间的比较。

（2）可达性。既要对标国际先进水平，又要充分考虑我国水利发展的阶段特征和实际水平，处理好发展与保护的关系，合理设定发展目标和指标。

（3）民生性。牢固树立以人民为中心的发展思想，把人民群众对高品质生活的追求作为出发点和落脚点，注重改善民生福祉，设置的指标能够反映水利基本公共服务水平。

（4）区域性。指标设置要兼顾一般和特殊，综合考虑全国和各地区水利发展水平、不同地区水资源环境禀赋等实际。如缺水地区可设置非常规水源利用率等指标，地下水超采区可设置地下水压采率等指标。

（5）可操作性。指标要简明、概念要明确，指标的计算不宜复杂，其涵义解释应规范，资料来源规范真实，数据易获取，便于测算，具有科学性。

（6）动态性。指标要能够反映较为具体的发展方向和重点，应尽可能选择单调性变化的指标，能够反映不同阶段水利发展的水平。

1.1.3.3　评价指标体系的构建

围绕水利高质量发展目标，根据水旱灾害防御、水资源节约集约安全利用、水资源优化配置、水生态保护治理、智慧水利建设等各领域高质量发展内涵和指标设置总体考虑与制定原则，结合已有的水利发展相关评价指标，姜大川等提出水利高质量发展评价指标体系（图 1.1.2），涵盖 5 个一级指标（准则层）和 17 个二级指标（指标层）。

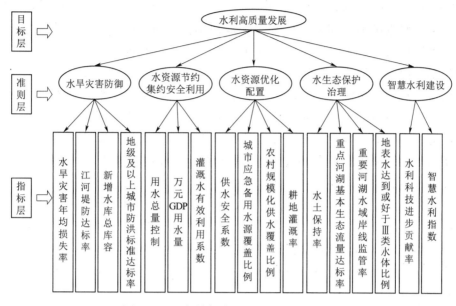

图 1.1.2　水利高质量发展评价指标体系

从水利发展规律看，当前我国水利发展已进入新阶段，但水灾害频发、水资源短缺、水生态损害、水环境污染等新老水问题越来越突出、越来越紧迫，对更高水平保障国家水安全、统筹高质量发展和生态环境保护的需求也更加紧迫。解决这类问题，不能一味地沿用老办法老套路，要紧紧把握经济社会和水利发展主要矛盾转变呈现的新特征新要求，加快推进新阶段水利发展的路径变革、质量变革、效率变革、动力变革。未来应根据水利高质量发展需要和实际管理需求，进一步研究水利高质量发展目标指标设置的适用性，完善目标指标值的测算机制，在指标实施过程中，加强跟踪目标完成情况，实现指标值动态调整。

1.2　水利技术技能人才需求调研分析

1.2.1　国家政策引领水利行业发展新业态

2021 年 10 月，习近平总书记在深入推动黄河流域生态保护和高质量发展座谈会上指出，"继长江经济带发展战略之后，我们提出黄河流域生态保护和高质量发展战略，国家的'江河战略'就确立起来了"。"江河战略"以大江大河保护治理为牵引，统筹水环境、水生态、水资源、水安全、水文化等不同领域和山水林田湖草沙等不同要素，遵循人与自然和谐共生的辩证法则，谋划让江河永葆生机活力的发展之道，开创了系统治理、综合治理和源头治理的国家江河治理新模式，努力将大江大河打造成为造福人民的幸福河，谱写了中国式现代化建设中的江河绚丽篇章，也为新阶段水利高质量发展提供了强大的思想武器和科学行动指南。2021年国家发展和改革委员会发布的《"十四五"水安全保障规划》明确了"十四五"时期水安全保障的总体思路、目标任务和重大政策举措。规划强调了加强江河湖泊治理、加快控制性枢纽工程建设、加强蓄滞洪区建设和洲滩民垸整治等重点任务。提出以全面提升水安全保障能力为主线，强化水资源刚性约束，加快构建国家水网，加强水生态环境保护，深化水利改革创新，提高水治理现代化水平，建成与基本实现社会主义现代化国家相适应的水安全保障体系。2023年中共中央　国务院印发的《国家水网建设规划纲要》以全面提升水安全保障能力为目标，以完善水资源优化配置体系、流域防洪减灾体系、水生态保护治理体系为重点，统筹存量和增量，加强互联互通，加快构建"系统完备、安全可靠，集约高效、绿色智能，循环通畅、调控有序"的国家水网，实现经济效益、社会效益、生态效益、安全效益相统一，为全面建设社会主义现代化国家提供有力的水安全保障，描绘了推动完善国家水网主骨架和大动脉的宏伟蓝图。2023年中共中央、国务院印发《数字中国建设整体布局规划》，提出"构建以数字孪生流域为核心的智慧水利体系"。数字孪生流域建设在防洪预警、供水调度、污染防治等方面发挥积极作用，赋能大江大河保护治理。

此外，国家发展改革委等四部委出台的《"十四五"节水型社会建设规划》、生态环境部出台的《重点流域水生态环境保护规划》、水利部出台的《关于加快推动农村供水高质量发展的指导意见》以及水利部发展研究中心发布的《2035年水利现代化远景目标展望》，对水利高质量发展提出了具体要求。

现实需求和国家政策导向使得水利项目的内涵和外延都在不断扩大，催生水利行业新业态发展，推进水利行业转型升级，驱动水利项目向多元化发展、水利智能化管理成主流、绿色发展理念贯彻水利项目全周期。除了传统的水利工程建设外，水资源管理、水灾害防治、水生态保护等领域将成为新的增长点。水利项目将更加注重生态环境保护，推动水资源的合理利用和可持续发展。水利项目的智能化管理实现对水资源的实时监控、精准调度和科学决策，提高水利项目的运行效率和管理水平。

1.2.2　水利行业领域人才需求新变化分析

1.2.2.1　新一轮科技革命和产业变革对水利行业人才需求的影响

历次科技革命通过科技成果的产业化、市场化，催生出新的行业、改造传统的产业、塑造产业格局，推动产业革命爆发。孕育发展中的新科技革命和产业变革也不例外。新科技革命或将在新一代信息技术、生物技术、新能源技术、新材料技术、智能制造技术等领域取得突破。新一轮科技革命和产业变革对我国既是机遇也是挑战。一方面，新一轮科技革命和产业变革将为我国转变经济发展方式、优化经济结构、转换增长动力提供机遇。另一方面，也将造成生产要素供需结构失衡。由于我国人才结构的适应性、教育体系的前瞻性等不足，劳动者或将难以与信息人才、数字人才、智能人才的需求相匹配，可能出现结构性失业问题。

水利是经济社会发展的重要支撑和保障，与人民群众美好生活息息相关。改革开放以来，水利建设投入力度不断加大，大江大河大湖治理加快实施，世界上规模最大、功能最全的水利基础设施体系已经建成，大江大河大湖防洪减灾能力明显增强，水资源配置格局逐步完善，农村水利工程基础不断夯实，水土流失综合治理成果丰硕，水利走出去迈出坚定步伐。"十二五"和"十三五"期间，全国完成水利建设投资达到6.66万亿元，是之前十年的5倍。2012—2023年全国水利建设投资呈现稳步增长趋势，并于2022年首次突破1万亿元（图1.2.1）。

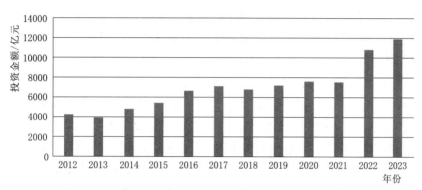

图 1.2.1　2012—2023 年全国水利建设投资

但是，随着我国社会主要矛盾的转变，我国治水主要矛盾从人民对除水害兴水利的需求与水利工程能力不足之间的矛盾，转化为人民对水资源水生态水环境的需求与水利行业监管能力不足之间的矛盾。水资源短缺、水生态损害、水环境污染与环境污染、食品安全直接或密切相关，成为人民群众反映强烈的突出民生问题。水利改革发展要顺应人民对美好生活的向往，解决人民最关心最直接最现实的利益问题。水利部从保障国家经济社会发展和增进人民福祉的全局，立足水利改革发展实际，准确把握了新时代治水的主要矛盾，提出了新时代水利高质量发展的新谋划。此外，"长江经济带战略"和"黄河流域生态保护和高质量发展"等国家重大战略、"一带一路"倡议下中国水电企业走出去、"生态文明"总体战略部署和"人水和谐"发展规划实施，都将对今后水利工作重心和重点任务产生重大影响。

1.2.2.2　新一轮科技革命和产业变革对水利行业人才需求分析

结合新一轮科技革命和产业变革，水利行业人才培养具有以下新需求特点。

1.重大国家战略对行业人才培养的新需求

长江大保护、黄河流域生态保护和高质量发展等重大国家战略的落实，必须着眼于生态环境保护、河湖长治久安、水资源节约集约利用、流域高质量发展和水文化培育等领域，培养具有绿色发展理念，能够延续历史文脉，传承大禹精神、"98"抗洪等水利精神，具备防洪抢险、生态修复、河道整治、闸站运维等的"治河工匠""抢险大师"以及高端技术技能人才。

2. "一带一路"倡议对行业人才培养的新需求

随着"一带一路"倡议深入推进，越来越多水电企业"走出去"，需在水电枢纽、防洪减灾、供水工程、人员培训等领域，培养具有爱国主义精神、国际视野、熟悉国际惯例、尊重文化习俗等综合素质，具备规划设计、工程建设、国际工程投标、合同管理、造价管理、工程材料检测、工程运维等专业能力的国际化技术技能人才。

3. 水利事业高质量发展对行业人才培养的新需求

新时代水利事业高质量发展需针对防洪工程、供水工程、生态修复工程、信息化工程等领域的短板，以及江河湖泊、水资源、水利工程、水土保持、水利资金、行政事务工作领域的监管，培养具有良好的文化素养、优秀的职业品质和卓越的工匠精神，能够运用遥感、云计算、物联网、大数据、人工智能等技术手段进行工程建设与管理的复合应用型人才。

4. 区域发展新形势对行业人才培养的新需求

推动区域经济高质量发展，要把水利作为基础设施建设的优先领域，水利基础设施建设应将"生态文明建设""人水和谐"理念与区域发展有机融合，针对区域中农村饮水安全、水旱灾害防御、水资源管理保护、河湖长制、水利建设、水美乡村建设等领域，培养具有忠诚、干净、担当、科学、求实、创新的新时代水利精神，具备水旱灾害防御、病险水库除险加固、中小河流治理、农村水电绿色发展、农田灌排、区域调水等建设与管理能力的基层新型实用人才。

1.2.3 新质生产力发展对水利类专业建设新要求

1.2.3.1 新质生产力驱动效应

科技革新正在深刻改变着水利管理的面貌，智慧化技术以其独特的优势和巨大的潜力引领新质生产力跃迁，带动水利行业向高效、智能、可持续的方向迈进，成为培育新产业、新模式、新业态、新动能的关键要素。

由于水利的基础性和战略性定位，水利新质生产力具有复杂的内涵（图1.2.2）。在横向维度上，"水利"作为行业来看。水利新质生产力是战略性新兴产业、未来产业的成果在水利行业的应用，以水利行业高质量发展的需求为牵引，将数字孪生、元宇宙、人形机器人、脑机接口、通用人工智能等最新科技成果应用到水利行业中，加快科技成果转化，形成水利行业发展的新质生产力。在垂直维度上，"水利"作为部门来看。水利新质生产力是通过加强水利基础研究，实现水利高水平科技自立自强，形成水利颠覆性技术突破，建设能够优化战略全局的"颠覆性"工程，以基础性部门支撑和撬动全国的高质量发展。在纵向维度上，"水利"作为要素来看。水利新质生产力是通过水资源的刚性约束，从生产力优化布局的角度，对劳动者（人）、劳动对象（地、城）、劳动资料（产）进行优化组合，实现生产力的跃升。

水利新质生产力发展应具有以下三大表现特征，即：科技对水利发展的贡献率明显增加，数字化变革赋能水利行业提质升级，创新投融资体制机制加大水利投入。为适应技术变革和新质生产力发展要求，水利部将推进智慧水利建设作为推动新阶段水

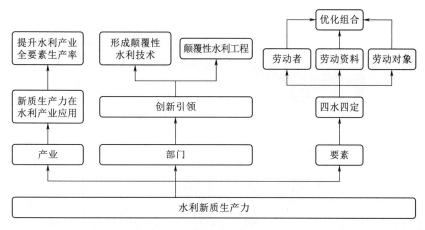

图 1.2.2 水利新质生产力内涵

利高质量发展的六条路径之一,智慧水利是新阶段水利高质量发展的显著标志。推进智慧水利建设是水利部党组贯彻落实习近平总书记关于网络强国的重要思想、"节水优先、空间均衡、系统治理、两手发力"治水思路和关于治水重要讲话指示批示精神,针对水利业务工作特点,综合分析水的自然属性和管理特点,以及现代信息技术发展趋势而提出的。数字孪生水利是面向新阶段水利高质量发展需求,为水利决策管理提供前瞻性、科学性、精准性、安全性支持,实现水利业务与现代信息技术融合发展的智慧水利实施措施。统筹构建数字孪生流域、数字孪生水网、数字孪生水利工程,实现"2+N"业务应用"四预"(预报、预警、预演、预案),同步强化网络安全和保障体系,是数字孪生水利体系的主要任务。智慧水利解构如图 1.2.3 所示。

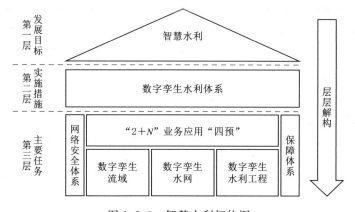

图 1.2.3 智慧水利解构图

与之相应,水利新质生产力发展也对各水利类专业建设和人才培养提出了更高要求。

水利部先后印发《加快推进智慧水利的指导意见》《智慧水利总体方案》《水利网信水平提升三年行动方案(2019—2021 年)》等文件,规划了"三步走"的实施路径(图 1.2.4),明确了智慧水利建设五大任务(图 1.2.5)。

图 1.2.4　智慧水利"三步走"实施路径

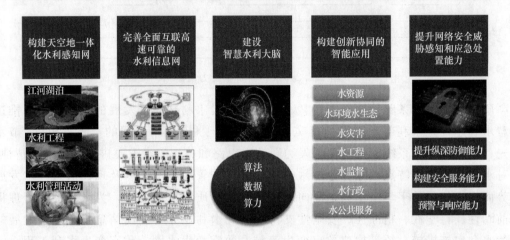

图 1.2.5　智慧水利建设五大任务

按照"需求牵引、应用至上、数字赋能、提升能力"的要求，充分运用新一代信息技术，系统构建数字孪生水利体系，为水利决策管理提供前瞻性、科学性、精准性、安全性支持。并将数字孪生水利体系作为推进智慧水利建设的实施措施。重点开展三个方面建设：一是建设数字孪生流域。锚定全面支撑流域统一规划、统一治理、统一调度、统一管理这个目标，我们围绕赋能流域水旱灾害防御、水资源节约集约利用、水资源优化配置、水生态保护治理，丰富算据、优化算法、提升算力，加快实现对物理流域全要素和水利治理管理全过程的数字化映射、智能化模拟、前瞻性预演。二是建设数字孪生水网。锚定构建"系统完备、安全可靠，集约高效、绿色智能，循环通畅、调控有序"的目标，围绕确保工程安全、供水安全、水质安全，立足工程的规划、设计、建设、运行全生命周期管理，实现与物理水网同步仿真运行、虚实交互、迭代优化。三是建设数字孪生水利工程。锚定保障水利工程安全、效益充分发挥的目标，加快推进 BIM 技术在水利工程全生命周期运用，实现对物理工程的在线监测、方案预演、问题发现、优化调度、安全保障。

1.2.3.2　水利类专业建设新要求

新质人才队伍是支撑水利科技创新，促进科技成果转化为现实生产力的关键，高职水利类专业是培养新质技术技能人才队伍的基础，也应当通过优化专业结构和内涵提档升级，对接行业升级、产业变革、社会需求特别是新质生产力发展等要求。通过对行业、产业及企业调研，水利类专业应当从以下方面丰富专业建设内涵：

（1）水文水资源类专业：重点培养水文水利分析与设计、智能化信息采集与处理、流域水情预报资源调查评价及生态保护等技能，尤其是水生态保护和水生态修复技能，适应了新时代治水新理念。

（2）水利工程与管理类专业：重点培养水力分析计算、工程绘图、工程测量、材料检测、施工技术管理、工程测量、质量检测等技能，尤其结合当前信息技术的 BIM技术、施工仿真技术，适应信息化工程建设与管理的理念。

（3）水利水电设备类专业：重点培养水轮发电机组安装与检修、机械制图、工程测量、水电站智能运行管理、电气自动控制、水轮机调节及机组辅助操作等技能，适应现代化水电站设备安装、检修、调试、运行、维护等全方面的技术和管理工作。

（4）水土保持与水环境类专业：重点培养能够从事水土保持（或环境）工程的监测、施工、监理、信息化管理、水质检测与评价、污（废）水处理、河湖长制管理等工作的能力，适应当前建设美丽中国的新要求。

2024 年国家发展和改革委员会修订的《产业结构调整指导目录（2024 年本）》分为鼓励类、限制类、淘汰类 3 个类别。其中，水利行业鼓励类共有 31 项（表 1.2.1），包括水资源利用和优化配置、节水供水工程、防洪提升工程、水生态保护修复、水利数字化建设等；没有限制类、淘汰类项目。对不属于鼓励类、限制类和淘汰类，且符合国家有关法律、法规和政策规定的，为允许类，允许类不列入目录。

表 1.2.1　　　　　　　　　2024 年水利产业结构调整指导目录

序号		项　　目
1	水资源利用和优化配置	跨流域调水工程
2		综合利用水利枢纽工程
3	节水供水工程	农村供水工程
4		灌区及配套设施建设、改造
5		高效输配水、节水灌溉技术推广应用
6		灌溉排水泵站更新改造工程
7		合同节水管理
8		节水改造工程
9		节水工艺、技术和装备推广应用
10		城镇用水单位智慧节水系统开发与应用
11		非常规水源开发利用
12	防洪提升工程	病险水库、水闸除险加固工程
13		城市积涝预警和防洪工程
14		水利工程用土工合成材料及新型材料开发制造
15		水利工程用高性能混凝土复合管道的开发与制造

续表

序号		项　目
16	防洪提升工程	山洪地质灾害防治工程（山洪地质灾害防治区监测预报预警体系建设及山洪沟、泥石流沟和滑坡治理等）
17		江河湖海堤防建设及河道治理工程
18		蓄滞洪区建设
19		江河湖库清淤疏浚工程
20		堤防隐患排查与修复
21		出海口门整治工程
22	水生态保护修复	水生态系统及地下水保护与修复工程
23		水源地保护工程（水源地保护区划分、隔离防护、水土保持、水资源保护、水生态环境修复及有关技术开发推广）
24		水土保持工程（淤地坝工程、坡耕地水土流失综合治理，侵蚀沟治理）
25	水利数字化建设	水工程防灾联合调度系统开发
26		洪水风险图编制技术及应用（大江大河中下游及重点防洪区、防洪保护区等特定地区洪涝灾害信息专题地图）
27		水资源管理信息系统建设
28		水土保持信息管理系统建设
29		水文站网基础设施及水文水资源监测能力建设
30		数字孪生流域建设
31		数字孪生水利工程建设

结合我国产业发展态势，特别是随着新时代水利发展需求和信息化技术发展趋势，对高级复合应用型技术技能人才的需求更加迫切，水利技术技能人才培养需要向"复合型、智慧型、生态型"综合素质提升转变。

新时代水利改革发展对现代水利、智慧水利和生态水利提出了新需求，带来了生态修复技术、智能建造技术等现代前沿技术和传统水利工程施工技术交叉融合的新变革，使得水利水电工程建设技术更具复杂性和综合性，这些都对当前技术技能人才自身能力建设提出巨大挑战。现有技术技能人才队伍在水资源、大坝结构等传统领域相对集中，在智慧水利和生态水利技术应用方面明显不足，难以解决水利高质量发展涉及的防洪、供水、生态修复、信息化等领域的关键问题，不能适应水利改革发展新需求。因此，需要大力培养从事技术管理、经营管理、质量安全管理等一线岗位具备智能灌浆、智能温控、智能碾压等先进技术转化及应用能力；施工工艺、工程造价、项目管理等先进软件的使用能力；特种材料配比优化设计、施工工艺参数优选、施工方案优化及调度、安全与质量事故溯源及处理、生态水利工程先进技术等现场复杂问题的处理能力的创新型和复合型高端技术技能人才。

1.2.4 水利行业技术技能人才规划

习近平总书记强调，要按照发展新质生产力要求，畅通教育、科技、人才的良性循环，完善人才培养、引进、使用、合理流动的工作机制。加快形成新质生产力，创新是核心要素，本质是人才驱动。李国英部长强调，推动新阶段水利高质量发展任务繁重艰巨，急需更多高素质专业化水利人才，要全方位培养、引进、用好水利人才，让水利事业激励水利人才，让水利人才成就水利事业。

以服务水利高质量发展为出发点和落脚点，加快培养高层次创新人才，扎实推进基层专业人才队伍建设，为保障水安全提供强有力的人才支持和智力支撑，因地制宜建立一批基层专业人才培养基地。推广水利人才"订单式"培养模式、推进水利"三支一扶"工作。根据基层水利单位需求，强化基层干部人才交流锻炼，组织开展"人才组团"帮扶和"送教上门""菜单式"培训等，帮助基层加强干部人才队伍建设。

根据《"十四五"水利人才队伍建设规划》人才队伍发展整体目标，水利部将聚焦水利重大需求和人才成长关键环节，提出6项重点工程：一是领军人才助推工程，重点发现和培养具有战略科学家潜质的领军人才。二是青年拔尖人才选育工程，培养和支持青年拔尖人才挑大梁、当主角。三是水利工匠培养工程，培养造就一批水利工匠，评选30名全国水利行业首席技师、30名水利技能大奖和200名水利技术能手。四是国际化人才培养工程，支持优秀水利人才到国际组织等担任职务。五是聚才引才促进工程，支持引进急需紧缺的海内外人才，吸纳优秀毕业生到水利系统工作。六是行校协同育才工程，探索共建特色水利院系，加强对相关水利高等院校、职业院校在教学、科研、学科建设专业建设、师资队伍建设、实训基地建设等方面的指导，促进高校人才供给与水利行业人才需求有效衔接。到"十四五"末，人才素质进一步增强，水利系统大专及以上学历人员的比例由"十三五"末的67％提高到74％。

1.2.5 水利行业技术技能人才需求情况分析

基于水利部人事司和中国水利教育协会组织开展的系统调研，对调研的603家水利行业单位进行有效样本数据分析，确定了584家单位作为有效数据进行分析（对照表1.2.2），2024—2026年计划招聘人员共计100403人，其中，本科及以上毕业生53129人，占52.9％；高职高专毕业生33272人，占33.1％；中专毕业生14002人，占14.0％。2024—2026年我国水利企事业单位人才需求情况为：本科及以上毕业生人数＞高职高专毕业生人数＞中专毕业生人数。在2024—2026年计划招聘需求中，高职高专和中专毕业生人数基本与本科及以上人数相当，占比47.1％。

表1.2.2　　　　我国水利行业2024—2026年招聘人员学历分布

类型	单位个数/个	现有员工数/个	计划招聘人员总数/人	本科及以上/人	高职高专/人	中专/人
行政、事业单位	227	41474	12357	6525	4278	1554
大型企业	65	136575	45954	27339	14429	4186

续表

类型		单位个数/个	现有员工数/个	计划招聘人员总数/人	本科及以上/人	高职高专/人	中专/人
中型企业		170	51724	33771	15910	11004	6857
小微型企业		122	11259	8321	3355	3561	1405
合计	数量	584	241032	100403	53129	33272	14002
	占比/%	—	—	41.7%	52.9%	33.1%	14.0%

从专业大类归属看，2024—2026 年我国水利行业对技能人才需求情况为：水利工程与管理类＞水文水资源类＞水利水电设备类＞水土保持与水环境类（图 1.2.6）。可以看出水利工程与管理类人才需求很大，占比达到 70.8%，是需求的主要方向，而水土保持与水环境类需求量最少，只占到 3.7%，但随着生态文明体制改革的推进，水土保持与水环境类人才需求估计未来一定时期会有较大增长，同时，环境保护等相关行业对水生态修复技术、水环境智能监测与治理等专业人才的需求量有明显提升。

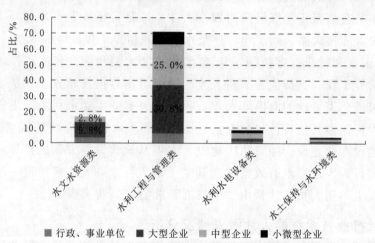

图 1.2.6　我国水利行业 2024—2026 年对技能人才需求分布

从职业岗位变化看，2024—2026 年我国水利行业岗位主要集中在施工和技术管理岗位上，且集中在高职高专学历上面，是大中型企业需求的主要来源。相关调查发现，行业企业对技术技能人才需求岗位，施工技术岗位占 45.8%，位居第一，其次是技术管理岗位，占 28.7%，位居第二，两者占主体地位，占比达 74.5%。在大型企业中高职专科人才需求占到 29.9%，中型企业中高职专科人才需求占到 30.8%。此外，针对当前水生态治理发展、信息化技术应用以及河长制和湖长制管理制度落实，也出现了水环境治理、BIM 工程、库区管理等新兴岗位需求。

1.3　水利技术技能人才培养现状

全国高职院校深入贯彻习近平总书记关于职业教育工作重要指示精神，落实《国家职业教育改革实施方案》《关于推动现代职业教育高质量发展的意见》《关于深化现代职业教育体系建设改革的意见》和《"十四五"水利人才队伍建设规划》，加快推进现代水利职业教育高质量发展。近年来，各院校通过积极推动各项改革任务落实落细，聚焦水利职业教育和行业人才队伍建设短板，以专业建设为核心，深入推进产教融合、校企合作，不断提升人才培养水平，取得了显著成效。本书基于《中国水利高等职业教育质量年度报告（2023）》和《水利职业院校培养能力调研分析报告（2023）》，结合参与职业教育水利大类专业目录修（制）订工作，梳理全国开办水利类专业的学校数、专业开设数、招生就业和人才培养情况，对全国职业院校水利类专业人才培养与专业设置的现实状况予以分析。

1.3.1　职业院校水利类专业设置与人才培养情况

1.3.1.1　职业教育水利大类专业目录调整

结合教育部发布的《职业教育专业目录修（制）订工作》要求，由教育部职成司组织，在水利部人事司、中国水利教育协会指导下，由水利部、中国水利教育协会、长江水利委员会、黄河水利委员会、南水北调东线总公司、黄河小浪底水利枢纽管理中心、黄河水利职业技术学院、山东水利职业技术学院等"政-行-企-校"五十余名专家联合组成的水利类专业目录修（制）订研制组，开展职业教育水利大类专业目录修（制）订工作，通过专业迭代优化，融入行业信息化技术，形成了《职业教育水利大类专业目录（2021）》，其中，中职水利类专业原有 7 个，此次调整，保留 7 个，更名 0 个，归属调整 2 个（保留 2 个），新增 1 个，调整后共有 10 个；高职专科水利类专业原有 16 个，此次调整，保留 6 个，撤销 2 个，更名 8 个，新增智慧水利技术、水生态修复技术专业 2 个，调整后共有 16 个（表 1.3.1）；职业本科水利类专业原有 0 个，此次修（制）订，新增 8 个，实现本科专业领的突破，调整后共有 8 个。

表 1.3.1　　　　高等职业教育专科水利大类新旧专业对照表

4501 水文水资源类					
序号	专业代码	专业名称	原专业代码	原专业名称	调整情况
1	450101	水文与水资源技术	550101	水文与水资源工程	更名
2	450102	水政水资源管理	550103	水政水资源管理	保留
			550102	水文测报技术	撤销
4502 水利工程与管理类					
3	450201	水利工程	550201	水利工程	保留
4	450202	智慧水利技术			新增
5	450203	水利水电工程技术	550202	水利水电工程技术	保留
6	450204	水利水电工程智能管理	550203	水利水电工程管理	更名
7	450205	水利水电建筑工程	550204	水利水电建筑工程	保留

续表

序号	专业代码	专业名称	原专业代码	原专业名称	调整情况
8	450206	机电排灌工程技术	550205	机电排灌工程技术	保留
9	450207	治河与航道工程技术	550206	港口航道与治河工程	更名
10	450208	智能水务管理	550207	水务管理	更名
4503 水利水电设备类					
11	450301	水电站设备安装与管理	550301	水电站动力设备	更名
12	450302	水电站运行与智能管理	550303	水电站运行与管理	更名
13	450303	水利机电设备智能管理	550304	水利机电设备运行与管理	更名
			550302	水电站电气设备	撤销
4504 水土保持与水环境类					
14	450401	水土保持技术	550401	水土保持技术	保留
15	450402	水环境智能监测与治理	550402	水环境监测与治理	更名
16	450403	水生态修复技术			新增

本次目录修订工作，坚持对接"四新"，深入分析了水利行业新业态、新模式、新技术、新职业场景，以及现代水利、智慧水利对技术技能人才提出的新要求，按照专业属性归类、宽窄相济适度从宽确定专业，确保了专业设置的成熟度、完整性以及专业之间的区分度，实现专业的科学设置；做到"专业名称升级、专业内涵升级、专业课程体系升级、核心课程扩展"和"数字化改造（新一代信息技术为基础课）"，实现了"4+1"一体化表述、一体化呈现；对专业目录进行优化调整，梳理中职、高职专科、职业本科专业间的定位和接续关系，纵向贯通中职、高职专科、职业本科水利专业目录体系，实现书证横向融通。

1.3.1.2　水利类专业布点数分析

依据《职业教育水利大类专业目录（2021）》，各高职院校结合办学优势和服务面向进行专业布局动态持续动态调整，2021—2023 年，全国高职院校水利大类专科专业设置数量整体保持稳定（表 1.3.2），分别为 206 个、202 个和 209 个。对比 2015—2017 年各省高职水利类专业布点数 118 个（表 1.3.3）有明显增加。2021—2023 年，水环境智能监测与治理、智慧水利技术 2 个专业的专业设置数量将近翻倍，水电站设备安装与管理专业设置数量减半。

表 1.3.2　　2021—2023 年全国高职院校水利大类专科专业设置数量

专 业 名 称	2021 年	2022 年	2023 年
机电排灌工程技术	3	3	4
水电站设备安装与管理	8	5	4
水电站运行与智能管理	3	3	3

专　业　名　称	2021 年	2022 年	2023 年
水环境智能监测与治理	7	11	13
水利工程	35	34	34
水利机电设备智能管理	4	4	3
水利水电工程技术	24	23	27
水利水电工程智能管理	24	21	21
水利水电建筑工程	43	42	42
水生态修复技术	9	10	11
水土保持技术	9	8	8
水文与水资源技术	13	12	12
水政水资源管理	3	3	3
治河与航道工程技术	3	3	3
智慧水利技术	8	13	13
智能水务管理	10	7	8
总计	206	202	209

表 1.3.3　　2015—2017 年各省高职水利类专业开设和高职院校布点数量

序号	行政区域	2015 年		2016 年		2017 年	
		学校数	专业布点数	学校数	专业布点数	学校数	专业布点数
1	北京市	1	1	1	1	1	1
2	天津市	1	1	0	0	0	0
3	河北省	0	0	0	0	0	0
4	山西省	1	7	1	7	1	6
5	内蒙古自治区	2	3	2	3	2	3
6	辽宁省	2	6	1	5	1	5
7	吉林省	0	0	0	0	1	1
8	黑龙江省	2	2	4	2	4	2
9	江苏省	2	2	2	2	1	1
10	浙江省	2	2	2	3	2	3
11	安徽省	1	6	1	6	1	6
12	福建省	1	5	1	5	1	6
13	江西省	1	3	2	4	2	4
14	山东省	1	5	1	4	1	4
15	河南省	1	7	2	11	2	10
16	湖北省	4	8	3	8	3	7

序号	行政区域	2015年		2016年		2017年	
		学校数	专业布点数	学校数	专业布点数	学校数	专业布点数
17	湖南省	1	4	1	5	2	7
18	广东省	1	4	1	4	1	4
19	广西壮族自治区	2	6	1	6	2	6
20	重庆市	3	12	3	10	3	9
21	四川省	8	10	7	10	7	8
22	贵州省	7	4	8	5	8	4
23	云南省	7	6	9	6	9	6
24	西藏自治区	1	3	1	1	1	1
25	陕西省	2	4	2	2	2	4
26	甘肃省	5	5	5	5	5	6
27	青海省	0	0	0	0	0	0
28	宁夏回族自治区	1	1	1	1	1	2
29	新疆维吾尔自治区	3	3	3	2	3	2
	合计	63	118	65	118	67	118

1.3.1.3　水利专业人才培养情况分析

根据《水利职业院校培养能力调研分析报告（2023）》，全国18所水利类职业院校2020—2022年水利类专业新生报到总人数为58450人（图1.3.1），2020年、2021年、2022年分别为18517人、18708人、21225人，整体呈现逐年增加的趋势。说明水利类职业院校在贯彻落实"高职扩招"政策上取得了显著成效，同时也侧面反映近年来水利行业的发展形势整体向好。

18所水利类职业院校2020—2022年的全校招生计划完成率均值为93.95%，其中水利类专业招生计划完成率均值为99.58%，整体来看，我国水利类职业院校2020—2022年的招生计划完成情况较好，且其中水利类专业的招生计划完成情况明显优于全校水平。结合图1.3.2所示的水利类专业招生计划完成情况来看，水利类专业的招生情况在2021年达到高峰，可见相关政策对水利行业及水利类人才培养的带动作用都起到了实质性的效果。

1.3.2　职业院校水利类重点专业人才培养状况

根据职业院校水利类专业设置与招生就业现状分析，全国67所高职院校、82所中职校立足区域经济和水利行业的发展，支持现代水利的转型升级，培养的水利类专业人才多集中在"水利水电建筑工程"、"水利工程"和"水利水电工程管理"等水利工程与管理类专业，但水文水资源类、水利水电设备类、水土保持与水环境类专业开

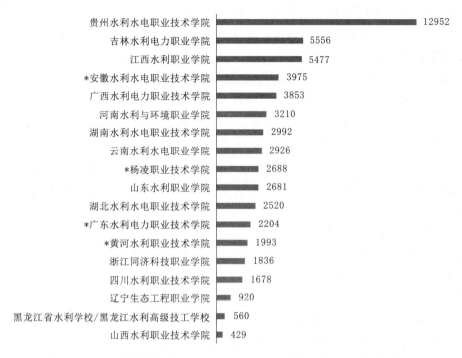

图 1.3.1　水利类职业院校 2020—2022 年水利类专业新生报到总人数

（＊表示入选"中国特色高水平高职学校和专业建设计划"的院校）

图 1.3.2　2020—2022 年水利类职业院校的全校招生计划完成率均值

和水利类专业招生计划完成率均值

设很少。因此，主要分析水利水电建筑工程、水利工程和水利水电工程管理等重点专业的人才培养状况。

通过对全国高等职业院校调研分析，多数职业院校对水利水电建筑工程专业、水利工程专业和水利水电工程管理专业的专业培养目标如下。

1. 水利水电建筑工程专业培养目标

该专业培养理想信念坚定、德技并修、全面发展，具有一定的科学文化水平、良好的职业道德、工匠精神和创新精神，具有较强的就业能力、一定的创业能力和支撑终身发展的能力;掌握水利水电建筑工程专业知识和技术技能,面向水利工程建设、水利管理等领域,能够从事中小型水利水电工程设计、施工管理、运行管理等工作的高素质技术技能人才。

2. 水利工程专业培养目标

该专业培养理想信念坚定、德技并修、全面发展,具有一定的科学文化水平,良好的职业道德、工匠精神和创新精神,具有较强的就业能力、一定的创业能力和支撑终身发展的能力;掌握水利工程专业知识和技术技能,面向水利工程和管理领域的农业工程技术人员、水利工程管理工程技术人员职业群,能够从事农田水利工程及城镇供排水工程等小型水利工程规划设计、施工、管理等工作的高素质技术技能人才。

3. 水利水电工程管理专业培养目标

该专业培养理想信念坚定、德技并修、全面发展,具有一定的科学文化水平,良好的职业道德、工匠精神和创新精神,具有较强的就业能力、一定的创业能力和支撑终身发展的能力;掌握水利水电工程管理专业知识和技术技能,面向水利水电工程管理的技术领域,从事水利水电工程运行管理的安全监测、养护维修、调度运用等工作,也能够从事在建水利水电工程项目管理工作的高素质技术技能人才。

1.4　水利技术技能人才供需平衡分析

1.4.1　水利行业技术技能人才需求与职业院校专业设置匹配分析
1.4.1.1　专业设置方向较齐全,但建设水平存在差异

基于《中国水利高等职业教育质量年度报告(2023)》,高职层次16个水利专业均有开设,但仍以传统水利类专业为主,其中,开设水利水电建筑工程专业的院校42所,开设水利工程专业的院校34所,开设水利水电工程技术专业的院校27所,专业布点103个,占各院校共209个专业的49.3%。而体现数字化、智能化、生态化专业开设院校较少,其中,开设水环境智能监测与治理专业院校、智慧水利技术专业院校各11所,虽然水环境智能监测与治理、智慧水利技术2个专业布点有明显增长,专业布点数量将近翻倍,但难以对接现代水利产业转型升级要求。

1.4.1.2　专业布局较为均衡,但与区域水利工程建设规模存在差异

根据调研数据分析,2023年全国范围开办水利类专业的高职院校67所,覆盖29个省(直辖市、自治区);专业涵盖水利大类的全部16个专业。

虽然水利类专业高职覆盖了29个省(直辖市、自治区),但与各个省(直辖市、自治区)的水利工程发展情况却不协调。以2022年为例,全国高职水利类专业布点数最多的是河南省,共有水利类专业10个,但是水利工程施工项目数中最多的省份是云南省,施工项目总数达到2676个,如图1.4.1和图1.4.2所示。水利类专业布点数与水利工程施工项目数匹配度较好的省(直辖市、自治区)地区有:山东省、广西壮族

自治区、贵州省、内蒙古自治区等，匹配差异较大的地区有河南省、重庆市、广东省、四川省、云南省、新疆维吾尔自治区等。匹配差异较大又分为两种情况：一种是高职专业布点数量多但水利工程数量少，比如河南省；一种是高职专业布点数量少，但水利工程数量多，比如云南省。

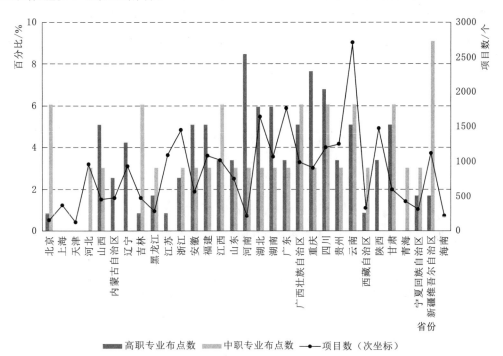

图 1.4.1　2022 年全国水利类专业布点数和施工项目数匹配图

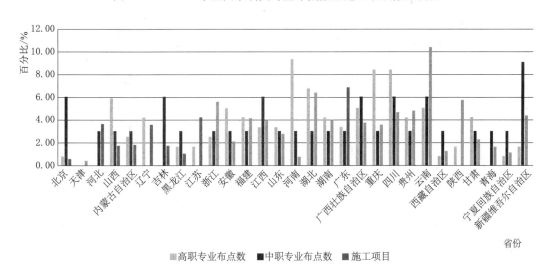

图 1.4.2　2022 年全国水利类专业布点数和施工项目数百分比匹配图

水利类高职专业布点数、中职专业布点数还与各省（直辖市、自治区）水利工程项目总投资不协调。以 2022 年为例，全国高职水利类专业布点数最多的是河南省，共有水利类专业 10 个，但是水利工程项目总投资最多的省份是浙江省，总投资达到 2581.5 亿元，如图 1.4.3 和图 1.4.4 所示。水利类专业布点数与水利工程项目总投资匹配度较好的省（直辖市、自治区）有：辽宁省、山东省、黑龙江省、内蒙古自治区、贵州省等，匹配差异较大的地区有浙江省、河南省、重庆市、四川省、新疆维吾尔自治区等。匹配差异较大又分为两种情况：一种是高职专业布点数量多但水利项目总投资少，比如河南省；一种是高职专业布点数量少但水利工程项目总资却多，比如浙江省。

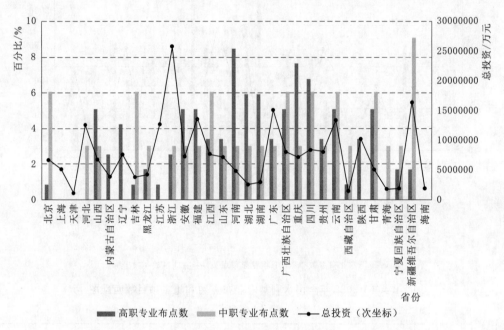

图 1.4.3　2022 年全国水利类专业布点数和项目总投资匹配图

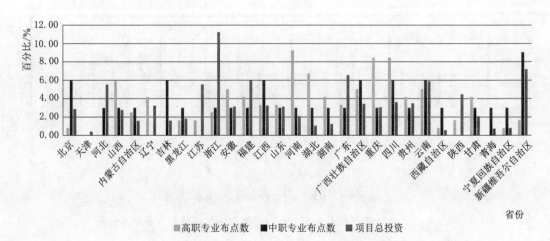

图 1.4.4　2022 年全国水利类专业布点数和项目总投资百分比匹配图

1.4.1.3　人才培养规模总体稳定，但还不能满足水利行业发展的需要

根据1.3.1.3水利专业人才培养情况分析，全国高职院校水利类专业招生数和在校生数整体平稳稍有增长，全国18所水利类职业院校2020—2022年水利类专业新生报到总人数为58450人，2020年、2021年、2022年分别为18517人、18708人、21225人，整体呈现逐年增加的趋势。但基于全国水利系统数据，并结合相关企业调研，估算2024—2026年每年计划招聘高职、中职毕业生总量均值约为15000人左右。同时，预测因退休等因素自然减员人数约为12000人/年，预计水利行业、企业对技术技能型人才需求总数约为27000人/年。水利人才培养数量尚不能满足行业发展需求。

另外，通过对调研数据分析，水利行业技术技能型人才占比81.2%，是单位主要组成部分。其中，水利类专业人员又占到了47%左右；另外，通过对水利行业企业2024—2026年职业岗位变化分析，未来主要需求岗位将更多地集中在施工和技术管理岗位上，且集中在高职学历上面，高职人才是大中型企业需求的主要来源。其中，施工技术岗位占到45.8%，技术管理岗位占28.7%，两者之和占比达74.5%，占主导地位。这说明水利类专业技术技能人才不管是现在还是将来，都是支撑水利行业、企业健康发展的重要力量。因此，还需要适当加大对高职和中职水利类专业技术技能人才培养的规模，特别是高职人才培养规模。

1.4.2　水利行业技术技能人才需求与职业院校人才培养质量匹配分析

1.4.2.1　人才培养质量整体满意度较高，学生实践能力有待提高

统计发现，18所水利类职业院校2020—2022年的全校毕业生半年后就业率均值为93.86%，其中水利类专业毕业生半年后就业率均值为93.83%，整体来看，我国水利类职业院校的毕业生半年后就业情况较好，且其中水利类专业的毕业生就业情况与全校水平基本持平。就各水利类职业院校2020—2022年的毕业生半年后就业情况来看，18所水利类职业院校中有12所院校的毕业生半年后就业率均值超过95%，尤其是浙江同济科技职业学院、黄河水利职业技术学院2所院校，其全校毕业生半年后就业率均值都超过98%。

统计发现，18所水利类职业院校2020—2022年的全校应届毕业生对口就业率均值为76.72%，其中水利类专业应届毕业生对口就业率均值为81.02%，整体来看，我国水利类职业院校的应届毕业生对口就业情况较好，且其中水利类专业的毕业生对口就业情况明显优于全校水平。

较高的就业率和专业对口率说明全国水利职业教育水利类专业办学水平、人才培养质量与水利行业、企业需求基本匹配，得到了社会的广泛认同。

但在实地调研中，我们也发现水利行业、企业对全国水利职业教育专业人才培养核心能力和职业素养有不满意的地方，主要表现为：一是"90后"毕业生，爱岗敬业吃苦耐劳精神不够，团队合作能力欠缺，缺乏创新创业能力和社会责任担当能力；二是毕业生了解水利行业法规不充分、计算能力弱、写作水平差，动手实践能力不强，

独立完成岗位工作能力不够等方面。

在市场竞争激烈的当下，水利行业、企业真正所需的是可以直接上岗的技术技能人才，不经过长时间的培训就可以"零距离上岗"，对职业院校人才培养的实践性和应用性要求极高，这就给水利职业院校的人才培养工作带来了不可避免的挑战。为此，需要水利职业院校进一步加强校企合作，深化产教融合，改革课程内容，以工作过程知识为核心，强化对学生的职业素养和专业核心能力的培养，并将职业素养和专业核心能力梳理细化，采取有效培养措施，使之真正落实到专业人才培养方案中去，为水利行业、企业培养满意的技术技能人才。

1.4.2.2　人才培养目标与行业人才需求层次匹配度较高，但职业技能等级证书获得率有待提升

全国高职院校中根据市场需求的变化，结合专业目录的变更，建立专业动态调整和预警机制，不断调整专业设置。基本上每年都会调整或新开办专业，构建专业建设指导委员会，使专业建设紧跟行业和社会的需求，通过常态化的调研举措，优化人才方案，提高专业的适应力。并结合突出特色，构建特色专业群，增强社会的适应力。黄河水利职业技术学院荣膺"双高计划"A档建设院校，杨凌职业技术学院、广东水利电力职业技术学院、安徽水利水电职业技术学院入选双高建设院校，山东水利职业学院、广西水利电力职业技术学院、四川水利职业技术学院、湖北水利水电职业技术学院获立省级双高建设院校。同时，紧跟国家"一带一路"倡议，调整专业设置提高其国际化能力。近几年先后培养过赤道几内亚、印度尼西亚、老挝等国家的水电站运行管理技能人才。

2019年，教育部等四部门印发了《关于在院校实施"学历证书＋若干职业技能等级证书"制度试点方案》，指出职业院校要将"1＋X"证书制度试点与专业建设、课程建设、教师队伍建设等紧密结合，推进"1"和"X"的有机衔接，提升职业教育质量和学生就业能力。试点工作按照高质量发展的要求，坚持以学生为中心，深化复合型技术技能人才培养培训模式和评价模式改革，提高人才培养质量，畅通技术技能人才成长通道，拓展就业创业本领。

通过统计除山西水利职业技术学院、黑龙江省水利学校/黑龙江水利高级技工学校2所院校的16所院校，2020—2022年的全校毕业生获"1＋X"双证书获得率均值以及水利类专业毕业生获"1＋X"双证书获得率均值，16所水利类职业院校2020—2022年的全校毕业生获"1＋X"双证书获得率均值为23.83％，其中水利类专业毕业生获"1＋X"双证书获得率均值为17.42％，整体来看，我国水利类职业院校的毕业生在"1＋X"双证书获取情况方面具有一定的进步空间。

职业技能等级证书是学生职业能力的直观反映，也是入职的敲门砖，我国大多数水利类职业院校在此方面具有很大的进步空间，学校应严格落实毕业证书和职业资格证书"双证书"制度，把相关专业获得相应职业资格证书作为其学生毕业的条件之一。同时，进一步加大与企业在专业建设、课程建设方面的合作力度，使课程教学内容覆

盖相应职业资格要求，通过学中做、做中学，突出职业岗位能力培养和职业素养养成。此外，可结合实际情况，进一步扩大试点范围和规模，并针对试点取证率低的项目强化政策宣传与认可引导，营造多方联动、合理推进的环境氛围，将学生成长成才作为工作的最终落脚点，实现学历教育与职业技能等级教育的融通，提升学生职业技能水平，提高人才培养质量。

1.4.2.3 课程设置与岗位群的要求基本相符，但课程的适时调整和更新不够

通过对全国水利行业单位技术技能人才职业能力状况以及对全国职业院校水利类专业核心课程设置需求的调查和分析，结果表明，目前全国水利职业教育水利类专业课程设置基本满足了岗位群的要求。无论是毕业生或是企业，他们评价专业核心课程"需要"和"非常需要"的比例都保持在80%以上，对专业核心课程设置的认同度很高。近年来，全国水利职业院校依托全国水利行业职业教育教学指导委员会、中国水利职业教育集团以及各学校校企合作交流平台，通过校企合作，分析职业岗位的典型工作任务，设置课程，引入职业标准，确定课程内容，编写项目化教材，改革课程评价体系，培养"双师型"教师，建设生产性实训基地等措施，强化了学生的专业能力和职业素质，有效地提升了学生运用所学知识和技能解决实际工作问题的能力，人才培养质量得到明显提升。

但是，在调研中我们也发现部分院校在专业设置和课程内容选择上仍然存在不少问题：一方面，当前我国水利产业结构的调整已使得现有的职业结构和劳动岗位内容发生了相应的变化，而且这种变化是随着社会的发展不断更新调整，具有不确定性，这就使得我们水利职业教育人才培养与水利行业劳动力所需产生矛盾，特别是以培养技术技能人才为目标的水利职业教育，给其课程设置和课程内容建设提出了新的挑战；另一方面，部分水利职业院校对水利行业、企业缺乏深入调查，没有对典型工作岗位的工作任务要求做深入分析，课程内容滞后于专业技术发展，更新慢，课程内容学科体系特征依然明显，很难反映市场对新技术的要求，尤其是项目课程内容少，不能有效提高学生实际分析和解决问题的能力，而且企业骨干和技能专家也没有真正参与共建课程内容，因此，课程内容的选择与企业工作过程所要求的职业知识、能力、素质不相适应，课程内容与职业标准对接就不能很好体现，学生学习的知识技能就不能应用到具体工作岗位，不能满足企业用人需求。

近年来，随着水利改革发展"十三五"规划以及国家"一带一路"倡议实施，水利信息化被提到一个新的高度；同时，中国水利企业不断走出国门，要求我们的水利行业技术标准要与国际接轨，以适应水利企业走向国际的发展战略需要。根据调研结果，水利企业新增设的岗位包括水环境治理、BIM（建筑信息模型）工程师、库区管理岗等，因此，需要针对这些新岗位加强培养学生新的知识和技能。此外，无人机、大数据、人工智能等新技术以及水利行业新标准、新规范不断出现，不断落实，这使得水利行业领域的知识体系、职业技能、职业素养也在不断发生变化。面对职业岗位和技能的这种变化，水利职业教育课程内容更应适时做出调整，以适应职业岗位要求。

因此，这就要求全国水利职业院校需进一步加强与水利行业、企业的紧密合作，企业的最新发展动态能为职业院校课程设置的调整提供方向。借助企业办学，能获得劳动力市场的需求信息，便于我们及时对职业教育专业课程内容做出相应调整和更新，比如可以根据行业新的变化，适时增加水信息技术、水环境治理、BIM 应用技术、河湖长制、国际工程项目管理、无人机应用技术等新的课程相关课程内容，以满足当前水利行业、企业职业岗位要求。

第2章 水利类高职院校专业建设分析

2.1 水利类职业院校发展规模

为系统分析水利类高职院校专业建设现状，本书在全面覆盖全国水利类专业情况基础上，重点对黄河水利职业技术学院、杨凌职业技术学院、山东水利职业学院、安徽水利水电职业技术学院、辽宁生态工程职业学院、四川水利职业技术学院、云南水利水电职业学院、广东水利电力职业技术学院、湖北水利水电职业技术学院、浙江同济科技职业技术学院、广西水利电力职业技术学院、江西水利职业学院、湖南水利水电职业技术学院、贵州水利水电职业技术学院、山西水利职业技术学院、黑龙江省水利学校/黑龙江水利高级技工学校、吉林水利电力职业学院、河南水利与环境职业学院等18所水利类高职院校开展分析，在图表展示时特别标注了入选"中国特色高水平高职学校和专业建设计划"的院校，在其院校名称前加"＊"。

全国水利类职业院校整体办学条件质量较好，接近两成的水利类职业院校办学条件具有很大优势，这些院校的大部分办学条件指标甚至达到了本科层次职业学校设置标准；大部分水利类职业院校在教师素质、科研仪器设备方面的建设成效较好，而在生均面积、生均师资力量等方面具有一定的进步空间。

全国水利类职业院校在2020—2022年期间水利类专业新生报到总人数较多，且呈逐年增长趋势，水利类专业平均招生计划完成率波动上升，三年平均值高达99.58％，高于水利类职业院校全校平均水平（93.95％），其中接近八成的水利类职业院校中水利类专业招生计划完成率均值超过90％，毕业生半年后就业率一直稳定在93％左右，接近六成的水利类职业院校中水利类专业毕业生半年后就业率超过95％，就业情况整体较好。水利类专业应届毕业生对口就业率持续上升，三年平均值高达81.02％，高于水利类职业院校全校平均水平（76.72％），其中五成的水利类职业院校中水利类专业应届毕业生对口就业率超过80％。水利类职业院校水利类专业毕业生的"1＋X"双证书获得率持续上升，三年平均值为17.42％，低于全校平均水平（23.83％），其中接近两成的水利类职业院校中水利类专业毕业生"1＋X"双证书获得率超过40％。

2.2 职业本科水利类专业结构分析

从全国范围来看，截止到2023年，开设职业本科水利类专业仅有两所学校，分别是位于河北省邯郸市的河北科技工程职业技术大学和甘肃省兰州市兰州资源环境职业技术大学。

河北科技工程职业技术大学开设有生态环境工程技术职业本科水利类专业，于 2021 年 9 月招生，2024 年 6 月迎来了职业本科第一批毕业生。生态环境工程技术专业学生毕业后可在政府部门、环保行政部门、设计单位、环保公司、工矿企业等从事环境工程工艺设计、环保设施运营、环境规划与管理、环境工程监理、环境监测、环境咨询服务、土壤修复等岗位工作。

兰州资源环境职业技术大学开设有水利水电工程和智慧水利工程 2 个职业本科专业，于 2022 年 9 月开始招生，2025 年 6 月将迎来第一批本科毕业生。

2.3　高等职业水利类专业结构分析

2023 年，水利类高职院校的水利大类专业设置总计 134 个，占全国水利大类专业的 64.11%。水利类高职院校的水利大类专业中，国家级重点专业布点数量达到 26 个，省级重点专业布点数量为 38 个，省级及以上重点专业占比达到 47.76%；广东水利电力职业技术学院和吉林水利电力职业学院 2 所院校水利大类专业的省级及以上重点专业占比超过八成，各院校具体情况见表 2.3.1。

表 2.3.1　　　　2023 年水利高职院校水利大类专业及重点专业

院校名称（按音序）	水利大类专业布点数量/个	其中国家级重点专业布点数量/个	其中省级重点专业布点数量/个	省级及以上重点专业占比/%
安徽水利水电职业技术学院	8	3	2	62.50
长江工程职业技术学院	7	0	5	71.43
重庆水利电力职业技术学院	8	2	2	50.00
福建水利电力职业技术学院	5	1	1	40.00
广东水利电力职业技术学院	6	5	0	83.33
广西水利电力职业技术学院	7	2	2	57.14
贵州水利水电职业技术学院	3	0	1	33.33
河南水利与环境职业学院	6	0	3	50.00
湖北水利水电职业技术学院	8	1	2	37.50
湖南水利水电职业技术学院	8	0	2	25.00
黄河水利职业技术学院	9	4	1	55.56
吉林水利电力职业学院	6	0	5	83.33
江西水利职业学院	6	0	2	33.33
辽宁生态工程职业学院	5	0	2	40.00
山东水利职业学院	8	3	1	50.00
山西水利职业技术学院	7	0	3	42.86
四川水利职业技术学院	7	1	2	42.86
杨凌职业技术学院	5	3	0	60.00

续表

院校名称（按音序）	水利大类专业布点数量/个	其中国家级重点专业布点数量/个	其中省级重点专业布点数量/个	省级及以上重点专业占比/%
云南水利水电职业学院	11	0	0	0.00
浙江同济科技职业学院	4	1	2	75.00
总计	134	26	38	47.76

注　数据来源为高等职业学校人才培养状态数据采集与管理平台。

2.4　职业教育水利类专业适配性模型构建

2.4.1　专业适配性综合评价指标

专业评价指标分为生源质量（权重 0.10）、培养方案（权重 0.15）、师资队伍（权重 0.15）、资源建设及应用（权重 0.20）、教学改革与创新（权重 0.10）、培养效果与质量（权重 0.10）、社会服务贡献水平（权重 0.10）、国际化建设水平（权重 0.05）和教学质量保障（权重 0.05）9 个一级项目和 1 个专业特色项目，一级项目下设 23 个二级要素、56 个三级观测点（18 个核心观测点），综合评价项目总分为 100 分，专业特色项目为 10 分。其中，56 个主要观测点由 44 个量化指标和 12 个行为参数指标组成，可通过专业诊断指标数据采集与智能校园建设结合实施过程采集。

黄河水利职业技术学院专业质量诊断监测标准见表 2.4.1。

表 2.4.1　　　　黄河水利职业技术学院专业质量诊断监测标准

一级指标	二级指标	三级指标	预警参数	预警值
1. 生源质量（权重 0.1）	1.1 招生录取（80%）	1.1.1 新生入学相对水平（30%）	教偶求取分数级（理科/文科分）	10
		*1.1.2 新生第一志愿率（40%）	第一志愿率/%	30
		*1.1.3 新生报到率（30%）	报到率/%	85
	1.2 转入转出专业（20%）	1.2.1 学生流动率（100%）	学生流动率/%	20
2. 培养方案（权重 0.15）	2.1 专业定位与培养目标（40%）	*2.1.1 专业定位符合度（40%）	定位符合度	C
		*2.1.2 专业培养目标符合度（30%）	培养目标符合度	C
		*2.1.3 专业毕业生要求符合度（30%）	毕业生要求符合度	C
	2.2 课程体系（40%）	*2.2.1 课程体系与培养目标符合度（50%）	课程体系符合度	C
		2.2.2 实践教学环节（50%）	实践教学学时比例/%	50
	2.3 产教融合（20%）	2.3.1 校企合作情况（40%）	规模以上合作企业数/个	3
		*2.3.2 引入产业先进技术或标准情况（60%）	引入技术/标准/个	3/3

续表

一级指标	二级指标	三级指标	预警参数	预警值
3. 师资队伍 （权重 0.15）	3.1 专业师资 基本情况 （30%）	*3.1.1 专业专任教师生师比及兼职教师（45%）	专任教师生师比	25∶1
		3.1.2 专业带头人水平（20%）	—	—
		*3.1.3 双师型教师比例（15%）	双师教师比例（文/理）/%	80/40
		3.1.4 专业教师进修培训（10%）	人均培训学时/（学时/年）	10
		3.1.5 专业教师下企业锻炼（10%）	企业锻炼达标率生/%	60
	3.2 教师专业 水平（20%）	3.2.1 教师学术水平（30%）	发表论文数/（篇/3年）	5
		3.2.2 教师科研水平（30%）	主持科研项目数/（项/3年）	0.2
		3.2.3 教师教研水平（40%）	主持教研项目数/（项/3年）	0.2
	3.3 教师教学 水平（50%）	3.3.1 教师教学评价（60%）	评价优秀率/%	20
		3.3.2 教师教学获奖（40%）	教学大赛奖励/（项/3年）	1
4. 资源建设及 应用 （权重 0.20）	4.1 实践教学 条件建设 （20%）	4.1.1 生均教学实验仪器设备值（20%）	生均教学仪器设备值工科/其他/（万元/生）	5000/3000
		*4.1.2 生均校内实践教学工位数（40%）	生均实训工位数工科/其他/（个/生）	0.6/0.3
		4.1.3 校外实习实践条件（40%）	校外实习基地数/个	3
	4.2 实践教学 条件应用 （30%）	*4.2.1 实验（训）室利用率（20%）	实训室利用率/%	50
		*4.2.2 实训项目开出率（40%）	实训课时执行率/%	85
		4.2.3 校外实习实践条件运行（40%）	签约基地实习学生比例/%	30
	4.3 课程资源 建设与应用 （40%）	*4.3.1 课程建设达标率（50%）	优质及示范课程/门	2
		4.3.2 优质资源建设及应用（40%）	国家级/省级精品课程/门	0/1
		4.3.3 专业教材建设（10%）	自编特色教材/门	2
	4.4 图书资料 （10%）	4.4.1 图书资料利用（100%）	图书资料利用率/%	20
5. 教学改革 与创新 （权重 0.10）	5.1 教研与教学 改革（50%）	5.1.1 教学内容、方法与手段改革（40%）	典型案例	提交时间
		5.1.2 专业相关教研项目（40%）	专业相关教研项目数/（项/3年）	0.2
		5.1.3 专业相关教研论文（20%）	专业相关论文数/（项/3年）	2
	5.2 教学改革 成果（50%）	5.2.1 重点专业建设项目（60%）	—	—
		5.2.2 教学成果奖（40%）	厅级以上专业相关教学成果奖/（项/3年）	1

一级指标	二级指标	三级指标	预警参数	预警值
6. 培养效果与质量（权重 0.10）	6.1 学生学业状况（20%）	6.1.1 毕业率（70%）	毕业率/%	90
		6.1.2 优秀在校生（30%）	典型案例	提交时间
	6.2 在校学生综合素质（50%）	6.2.1 学生参与创新创业活动（30%）	学生创新创业活动参与率/%	30
		*6.2.2 学生竞赛奖励（50%）	省级以上奖励数/项	1
		6.2.3 学生发表学术论文、获得科研成果及专利授权（20%）	学生发表论文及专利/项	2
	6.3 就业质量（30%）	*6.3.1 就业率（50%）	就业率/%	90
		6.3.2 优秀校友（20%）	典型案例	提交时间
		*6.3.3 学生就业对口率（20%）	就业对口率/%	40
		6.3.4 毕业生薪资水平（10%）	—	—
7. 社会服务贡献水平（权重 0.10）	7.1 社会服务水平（100%）	*7.1.1 技术服务与科研成果（40%）	横向/纵向技术服务到款额/万元	50/10
		7.1.2 公益性培训服务（30%）	公益性培养/(人日)	100
		7.1.3 毕业生服务去向（30%）	行业/当地/50 强企业就业比例/%	—
8. 国际化建设水平（权重 0.05）	8.1 学生国际交流（30%）	8.1.1 全日制国（境）外留学生人数（40%）	留学生人数/人	—
		8.1.2 在校生服务"走出去"企业国（境）外实习时间（60%）	学生境外实习/(人日)	—
	8.2 专业教师国际化水平（30%）	8.2.1 非全日制国（境）外人员培训及服务指导（60%）	开展国（境）外人员培训/(人日)	—
		8.2.2 在国（境）外组织担任职务的专任教师人数（40%）	国（境）外组织任职的专任教师/人	—
	8.3 开发国（境）外认可的专业标准（20%）	8.3.1 开发国（境）外认可的专业教学标准和课程标准数（100%）	国（境）外认可的专业教学标准/课程标准数/个	2
	8.4 国（境）外技能大赛获奖数量（20%）	8.4.1 国（境）外技能大赛获奖数量（100%）	国际技术大赛获奖（项/3 年）	1
9. 教学质量保障（权重 0.05）	9.1 教学质量诊断与改进（100%）	9.1.1 专业开展教学质量监控（40%）	专业建设学年质量报告（9 月 1 日前完成）	提交时间
		*9.1.2 专业建设方案执行度（60%）	专业建设学年质量报告（9 月 1 日前完成）	提交时间

续表

一级指标	二级指标	三 级 指 标	预 警 参 数	预警值
10. 专业特色 （满分 10 分）	专业特色、实施过程和效果（100%）		典型案例	提交时间

注　1. 最低录取分数线：以上一届各专业招生录取最低分数线为预警值。

　　2. 定位符合度：指专业面向符合学校发展定位，毕业生就业部门、就业岗位是否准确。

　　3. 培养目标符合度：指专业培养目标与专业定位、就业岗位的符合度。

　　4. 毕业生要求符合度：指毕业生要求是否满足或达到专业培养目标要求。

　　5. 课程体系符合度：指课程设置、课程目标与专业人才培养规格的符合度。

　　6. 企业锻炼达标率：指该专业教师下企业达到三年 6 个月教师占该专业专任教师总数的比例。

　　7. 主持科研项目数：指该专业教师近三年主持的厅级及以上科研项目数。

　　8. 主持教研项目数：指该专业教师近三年主持的厅级及以上教研项目数。

　　9. 教学大赛奖励：指该专业专任教师参加省级及以上教师教学能力比赛获奖项数。

　　10. 专业相关：指围绕特定专业或服务特定专业开展的教学研究、申报的教学成果奖及发表的教研论文。

　　11. 行业/当地/50 强企业就业比例：指根据专业定位确定的毕业生在相应行业、区域和行业区域 50 强企业就业学生占该专业毕业生的比例。

　　12. 留学生人数、学生境外实习等根据专业实际情况确定。

　　13. 说明：

　　（1）带"＊"号的为核心观测点。

　　（2）注 2～注 5 符合度由专家根据专业人才培养方案评审，分为：A 符合度高，B 符合，C 基本符合，D 待改进四个等级。

2.4.2　专业等级划分

专业等级划分采用相对评分，即每个观测点建设成效以最大成效专业为评分基准确定其他专业评分，新开设没有毕业生的专业只参与专业质量诊断，不进行等级划分。

按照专业质量诊断指标进行综合评分，专业等级分为 A、B、C、D 四个等级。

（1）A、B 等级：18 个核心观测点达到一般专业建设标准要求，综合评分在前 10% 为 A 等、11%～60% 为 B 等。

（2）C、D 等级：综合评分在 11%～60%，但核心观测点不达标，或综合评分在 61%～90% 为 C 等，后 10% 为 D 等。

2.5　水利职业教育支撑度分析

2.5.1　师资队伍建设情况分析
2.5.1.1　教师职称结构

因河南水利与环境职业学院、贵州水利水电职业技术学院、江西水利职业学院、云南水利水电职业学院、黑龙江省水利学校/黑龙江水利高级技工学校、广东水利电力职业技术学院 6 所院校的教师职称结构数据不准确，故本节暂不分析这 6 所院校的情况，重点分析了全国 12 所水利类职业院校中全校专任教师的职称结构以及水利类专业专任教师的职称结构，具体如图 2.5.1 所示。

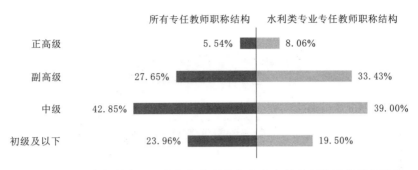

图 2.5.1　12 所水利类职业院校和水利类专业中专任教师的职称结构情况

由图 2.5.1 可知，在 12 所水利类职业院校中，中级专业技术职务等级的专任教师相对较多，占比为 42.85%；其次是副高级和初级及以下专业技术职务等级的专任教师，占比分别为 27.65%、23.96%；而正高级的专任教师相对较少，仅有 5.54%。可见，副高级及以上的专业技术职务等级占比为 33.19%。

在水利类专业专任教师的职称结构中，中级和副高级专业技术职务等级的专任教师相对较多，占比分别为 39.00%、33.43%，其次是初级及以下专业技术职务等级的专任教师，占比为 19.50%；而正高级专业技术职务等级的专任教师相对较少，占比仅有 8.06%。可见，副高级及以上的专业技术职务等级占比为 41.49%。

对比来看，水利类专业的副高级及以上专业技术职务等级专任教师占比比全校平均水平高 8.30 个百分点，水利类专业的师资队伍水平相对较高。此外还可以发现，水利类职业院校和专业的高级职称专任教师比例均已达到《本科层次职业学校设置标准（试行）》中关于本科层次职业学校的设置标准要求（不低于 30%），这说明我国水利类职业院校的师资队伍整体水平较高。

同时本节分析了 12 所水利类职业院校专任教师中具有副高级及以上职称的占比，以及水利类专业专任教师中具有副高级及以上职称的占比情况，具体如图 2.5.2 所示。

由图 2.5.2 可知，整体来看，12 所水利类职业院校中有 9 所院校的高级职称专任教师比例已达到《本科层次职业学校设置标准（试行）》中关于本科层次职业学校的设置标准要求（不低于 30%），这进一步说明我国大部分水利类职业院校的师资水平较高。具体到各院校来看，杨凌职业技术学院专任教师中具有副高级及以上职称的占比相对较高，占比为 44.79%，其师资力量具有较大优势；其次是辽宁生态工程职业学院（35.68%）、湖南水利水电职业技术学院（35.60%）、湖北水利水电职业技术学院（35.46%）、四川水利职业技术学院（35.41%），这 4 所院校的专任教师中具有副高级及以上职称的占比均超过 35%；而广西水利电力职业技术学院、安徽水利水电职业技术学院、吉林水利电力职业学院 3 所院校的副高级及以上职称专任教师占比不足 30%，具有较大的进步空间。

从水利类专业的专任教师职称结构来看，除辽宁生态工程职业学院、湖北水利水电职业技术学院 2 所院校外，其他 10 所水利类职业院校中水利类专业的副高级及以上职称专任教师占比均高于全校平均水平，这进一步说明水利类专业的师资队伍水平相

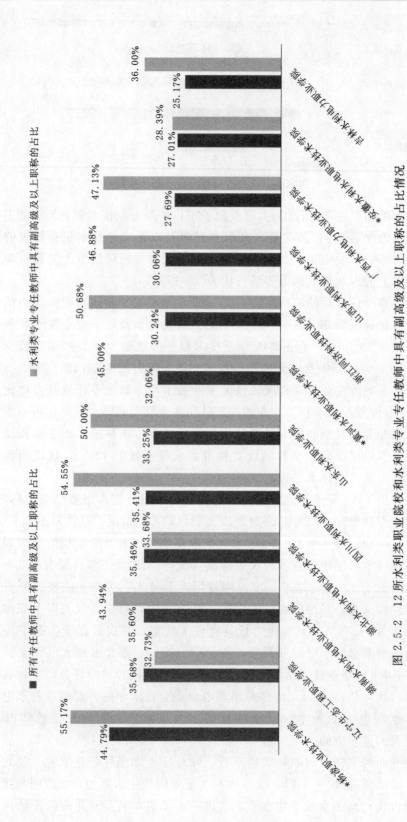

图 2.5.2　12 所水利类职业院校和水利类专业专任教师中具有副高级及以上职称的占比情况

对较高，我国大多数水利类职业院校的师资资源在水利类专业中有所倾斜。具体到各院校来看，杨凌职业技术学院、四川水利职业技术学院、山东水利职业学院、浙江同济科技职业学院 4 所院校水利类专业的师资力量较强，其副高级及以上职称专任教师占比分别为 55.17%、54.55%、50.00%、50.68%，都不低于 50%，且都比全校水平高出了 10 个百分点以上；而辽宁生态工程职业学院、湖北水利水电职业技术学院的水利类专业中副高级及以上职称专任教师占比均不足 35%，且较其全校水平略低，存在一定的进步空间。

综上所述，杨凌职业技术学院、四川水利职业技术学院 2 所院校中副高级及以上职称专任教师占比较高，师资力量具有明显优势，且高水平教师在水利类专业中的占比较多；而广西水利电力职业技术学院、安徽水利水电职业技术学院、吉林水利电力职业学院 3 所院校中副高级及以上职称专任教师占比较低，师资力量有待提升，但其中广西水利电力职业技术学院、吉林水利电力职业学院 2 所院校中水利类专业的师资水平具有一定的竞争力。

2.5.1.2 教师学历结构

因河南水利与环境职业学院、黑龙江省水利学校/黑龙江水利高级技工学校的教师学历结构数据不准确，故本节暂不分析这 2 所院校的情况，重点分析了全国 16 所水利类职业院校中全校专任教师的学历结构以及水利类专业专任教师的学历结构，具体如图 2.5.3 所示。

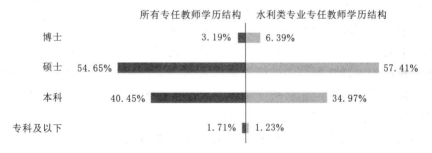

图 2.5.3　16 所水利类职业院校和水利类专业中专任教师的学历结构情况

由图 2.5.3 可知，在 16 所水利类职业院校中，硕士学历和本科学历的专任教师数量相对较多，占比分别为 54.65%、40.45%，博士学历和专科及以下学历的专任教师相对较少，占比均不足 4%。可见，专任教师中具有研究生学历教师占比为 57.84%。

在水利类专业专任教师的学历结构中，硕士学历和本科学历的专任教师数量相对较多，占比分别为 57.41%、34.97%；其次是博士学历和专科及以下学历的专任教师，占比分别为 6.39%、1.23%。可见，专任教师中具有研究生学历的教师占比为 63.80%。

对比来看，水利类专业专任教师中具有研究生学历教师比例比全校平均水平高 5.96 个百分点，水利类专业中高学历的专任教师较多。此外还可以发现，水利类职业院校和专业专任教师中具有研究生学历教师比例均已达到《本科层次职业学校设置标准（试行）》文件对于拟开展本科层次职业教育的高职院校的教师队伍学历层次提出明确要求，即具有研究生学位专任教师比例不低于50％，但与《本科层次职业学校设置标准（试行）》中"具有博士研究生学位专任教师比例不低于15％"的要求有一定差距。因此，为保障学校发展质量，需进一步优化师资队伍的学历结构，加大博士人才的引进力度，完善高层次人才引进和管理办法，提高学校师资队伍的整体水平。

同时本节分析了16所水利类职业院校专任教师中具有研究生学历教师占比，以及水利类专业专任教师中具有研究生学历教师占比情况，具体如图2.5.4所示。

由图2.5.4可知，整体来看，16所水利类职业院校中有9所院校具有研究生学历的专任教师比例已达到《本科层次职业学校设置标准（试行）》的要求（不低于50％），这进一步说明我国大部分水利类职业院校的师资高层次人才较多，师资水平较高。具体到各院校来看，杨凌职业技术学院和浙江同济科技职业学院专任教师中具有研究生学历的教师占比相对较高，分别为85.96％、84.45％，其高学历的专任教师较多，师资力量有较大优势；其次是辽宁生态工程职业学院（75.93％）、江西水利职业学院（67.74％）、湖南水利水电职业技术学院（66.87％）、安徽水利水电职业技术学院（64.09％）、吉林水利电力职业学院（61.54％），这5所院校的专任教师中具有研究生学历教师占比均超过60％；而湖北水利水电职业技术学院、山西水利职业技术学院、贵州水利水电职业技术学院3所院校中具有研究生学历的专任教师占比不足45％，存在一定的进步空间。

从水利类专业的专任教师学历结构来看，除吉林水利电力职业学院、广东水利电力职业技术学院、湖北水利水电职业技术学院3所院校外，其他13所水利类职业院校中水利类专业的具有研究生学历专任教师占比均高于全校平均水平，这进一步说明水利类专业高学历的专任教师较多，师资队伍水平相对较高，我国大多数水利类职业院校的师资资源在水利类专业中有所倾斜。具体到各院校来看，杨凌职业技术学院、浙江同济科技职业学院、辽宁生态工程职业学院、江西水利职业学院4所院校水利类专业拥有较多高学历专任教师，师资力量较强，其具有研究生学历专任教师占比分别为96.55％、89.04％、81.82％、80.56％，都高于80％；而吉林水利电力职业学院、广东水利电力职业技术学院、贵州水利水电职业技术学院、湖北水利水电职业技术学院的水利类专业中具有研究生学历专任教师占比均不足50％，且其中吉林水利电力职业学院、广东水利电力职业技术学院、湖北水利水电职业技术学院较其全校水平略低，存在一定的进步空间。

综上所述，杨凌职业技术学院、浙江同济科技职业学院2所院校中具有研究生学历专任教师占比较高，高学历专任教师较多，师资力量有明显优势，且高学历教师在水利类专业中的占比较多；而湖北水利水电职业技术学院、山西水利职业技术学院、贵州水利水电职业技术学院3所院校中具有研究生学历专任教师占比较低，专任教师的学历有待提升，但其中山西水利职业技术学院中水利类专业的高学历专任教师具有一定的竞争力。

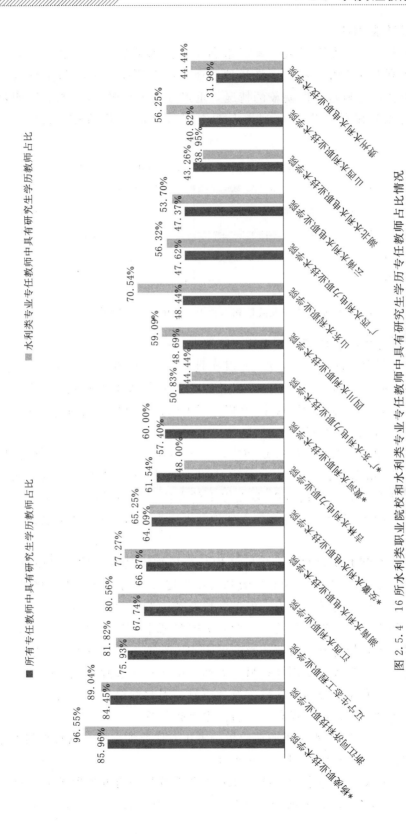

图 2.5.4　16 所水利类职业院校水利类专业专任教师中具有研究生学历专任教师占比情况

2.5.1.3　教师年龄结构

因河南水利与环境职业学院、黄河水利职业技术学院、安徽水利水电职业技术学院、山东水利职业学院、浙江同济科技职业学院 5 所院校的教师年龄结构数据不准确，故本节暂不分析这 5 所院校的情况，重点分析了全国 13 所水利类职业院校中全校专任教师的年龄结构以及水利类专业专任教师的年龄结构，具体如图 2.5.5 所示。

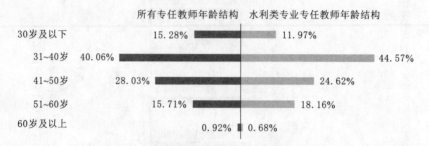

图 2.5.5　13 所水利类职业院校和水利类专业中专任教师的年龄结构情况

由图 2.5.5 可知，在 13 所水利类职业院校中，31～40 岁和 41～50 岁的专任教师相对较多，占比分别为 40.06%、28.03%；其次是 51～60 岁和 30 岁及以下的专任教师，占比分别为 15.71%、15.28%；而 60 岁及以上的专任教师相对较少，仅有 0.92%。可见，整体来看，水利类职业院校中 40 岁及以下的青年教师占比为 55.34%，41 岁及以上的资深教师占比为 44.66%。

在水利类专业专任教师的年龄结构中，31～40 岁和 41～50 岁的专任教师相对较多，占比分别为 44.57%、24.62%，其次是 51～60 岁和 30 岁及以下的专任教师，占比分别为 18.16%、11.97%；而 60 岁及以上的专任教师相对较少，仅有 0.68%。可见，水利类专业中 40 岁及以下的青年专任教师占比为 56.54%，41 岁及以上专任教师占比为 43.46%。

对比来看，水利类专业的教师年龄结构与全校结构基本一致。此外还可以发现，水利类职业院校中 40 岁及以下的专任教师占比均接近六成，师资队伍整体偏年轻化，一方面有利于保障学校的发展活力，促进学校改革创新；但另一方面由于青年教师从业时间较短，缺乏丰富的教学经验。因此，为保障课堂教学质量，学校一方面需加大教师培养培训力度，提升青年教师的教学能力与实践能力，发挥其创新能力，保障学校的发展活力，促进学校改革创新；另一方面，由于资深教师从业时间较长，具有丰富的教学经验，有利于保障学校的教育教学质量，因此学校还可适当聘用引进资深教师，发挥其示范和引领作用，提高学校的整体师资水平。

同时本节分析了 13 所水利类职业院校的青年专任教师占比，以及水利类专业的青年专任教师占比情况，具体如图 2.5.6 所示。

由图 2.5.6 可知，整体来看，13 所水利类职业院校中有 9 所院校的青年专任教师占比超过 55%，这进一步说明我国大部分水利类职业院校的师资队伍偏年轻化。具体

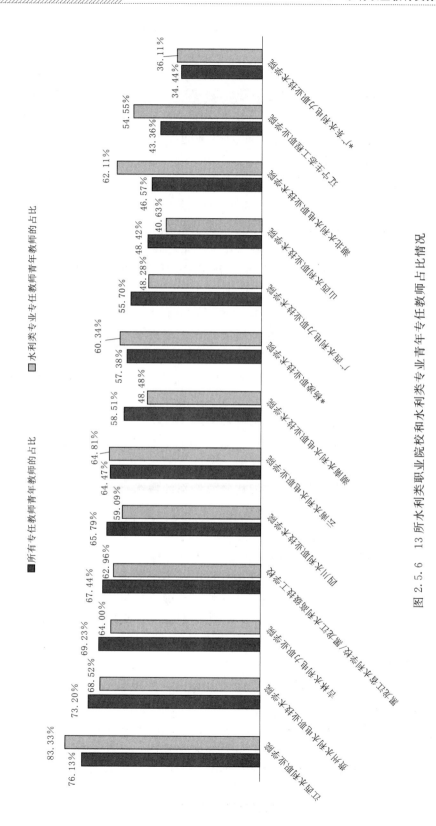

图 2.5.6　13 所水利类职业院校和水利类专业青年专任教师占比情况

到各院校来看，江西水利职业学院和贵州水利水电职业技术学院的青年专任教师占比相对较高，占比分别为 76.13%、73.20%；其次是吉林水利电力职业学院（69.23%）、黑龙江省水利学校/黑龙江水利高级技工学校（67.44%）、四川水利职业技术学院（65.79%）、云南水利水电职业学院（64.47%），这 4 所院校的青年专任教师占比均超过 60%；湖南水利水电职业技术学院、杨凌职业技术学院、广西水利电力职业技术学院 3 所院校的青年专任教师占比也超过 55%；而广东水利电力职业技术学院中 41 岁及以上的教师占比超过 65%。

2.5.1.4　专任教师中"双师型"教师占比

《关于深化现代职业教育体系建设改革的意见》指出：加强"双师型"教师队伍建设，依托龙头企业和高水平高等学校建设一批国家级职业教育"双师型"教师培养培训基地，开发职业教育师资培养课程体系，开展定制化、个性化培养培训。

本书分析了全国 18 所水利类职业院校中全校专任教师的"双师型"教师占比以及水利类专业的"双师型"占比情况，具体如图 2.5.7 所示。

由图 2.5.7 可知，整体来看，18 所水利类职业院校中有 14 所院校中全校专任教师的"双师型"教师占比已达到《本科层次职业学校设置标准（试行）》的要求（不低于 50%），这说明我国大部分水利类职业院校的师资水平较高。具体到各院校来看，广西水利电力职业技术学院和山东水利职业学院的"双师型"教师占比相对较高，占比分别为 85.00%、82.32%；其次是江西水利职业学院（78.00%）、黄河水利职业技术学院（77.80%）、广东水利电力职业技术学院（75.75%），这 3 所院校的"双师型"教师占比均超过 75%；而吉林水利电力职业学院的"双师型"教师占比不足 20%，具有较大的进步空间。

从水利类专业的"双师型"教师占比来看，除江西水利职业学院、黑龙江省水利学校/黑龙江水利高级技工学校和贵州水利水电职业技术学院 3 所院校外，其他 15 所水利类职业院校中水利类专业的"双师型"教师占比均高于全校平均水平，这进一步说明水利类专业的师资队伍水平相对较高，我国大多数水利类职业院校的师资资源在水利类专业中有所倾斜。具体到各院校来看，山西水利职业技术学院、山东水利职业学院的水利类专业师资力量较强，其"双师型"教师占比分别为 100.00%、92.86%，均高于 90%，且都比全校水平高出了 10 个百分点以上；其次是湖南水利水电职业技术学院（89.39%）、广西水利电力职业技术学院（89.00%）、杨凌职业技术学院（86.21%）、黄河水利职业技术学院（86.00%），这 4 所学院的水利类专业"双师型"教师占比均高于 85%；而吉林水利电力职业学院的"双师型"教师占比不足 30%，且全校水平较低，存在一定的进步空间。

综上所述，广西水利电力职业技术学院、山东水利职业学院、黄河水利职业技术学院"双师型"教师占比较高，师资力量具有明显优势，且在水利类专业的占比也较多；而吉林水利电力职业学院和水利类专业的"双师型"教师占比较低，具有较大的进步空间。

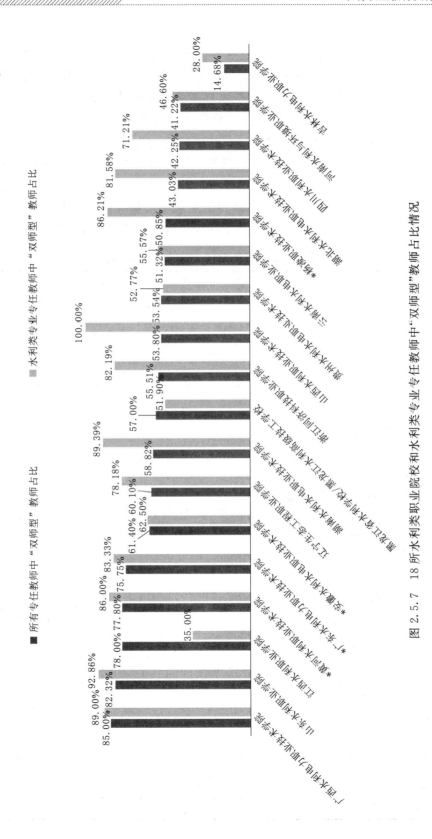

图 2.5.7 18 所水利类职业院校水利类专业专任教师中"双师型"教师占比情况

2.5.1.5　教师获奖情况

本节还分析了全国 18 所水利类职业院校的全校教师获奖情况，具体见表 2.5.1。由表 2.5.1 可知，从获奖覆盖率来看，2018—2022 年水利类职业院校在"省部级及以上教学能力比赛"中获奖数量最多，18 所水利类职业院校共获奖 651 个，除云南水利水电职业学院外，其他 17 所院校均获得了此奖项；其次是 2018—2022 年"省部级及以上优秀教师、职教名师、教学名师等"荣誉教师的入选名额，18 所院校共有 225 名教师获得此荣誉，除云南水利水电职业学院外，其他 17 所院校均有教师入选，这两类奖项在水利类职业院校中的覆盖率较广；而 2018—2022 年入选"黄大年式教学团队"在水利类职业院校中的覆盖率较低，仅杨凌职业技术学院、黄河水利职业技术学院、山东水利职业学院和广西水利电力职业技术学院 4 所院校获得了此荣誉。

表 2.5.1　　　　　　　　18 所水利类职业院校 2018—2022 年获奖情况

院 校 名 称	省部级及以上职业教育教学创新团队	黄大年式教学团队	省部级及以上教学能力比赛获奖	省部级及以上优秀教师、职教名师、教学名师等	省部级及以上课程思政团队	院校获奖总计
贵州水利水电职业技术学院	0	0	134	3	0	137
辽宁生态工程职业学院	4	0	34	58	3	99
*黄河水利职业技术学院	7	1	48	22	19	97
*广东水利电力职业技术学院	5	0	78	11	1	95
*杨凌职业技术学院	5	2	53	16	2	78
山东水利职业学院	7	1	30	22	7	67
湖南水利水电职业技术学院	4	0	39	20	1	64
*安徽水利水电职业技术学院	19	0	25	15	2	61
河南水利与环境职业学院	2	0	32	18	4	56
四川水利职业技术学院	2	0	49	2	2	55
广西水利电力职业技术学院	1	1	32	11	1	46
江西水利职业学院	1	0	20	11	0	32
浙江同济科技职业学院	3	0	25	1	2	31
湖北水利水电职业技术学院	1	0	18	4	0	23
山西水利职业技术学院	0	0	9	9	0	18
吉林水利电力职业学院	0	0	13	1	0	14
黑龙江省水利学校/黑龙江水利高级技工学校	0	0	12	1	0	13
云南水利水电职业学院	0	0	0	0	0	0

从水利类职业院校教师获奖成果数量来看，贵州水利水电职业技术学院获奖数量最多，2018—2022年获奖总数为137个，但仅涉及11类奖项；其次是辽宁生态工程职业学院、黄河水利职业技术学院和广东水利电力职业技术学院，2018—2022年获奖总数分别99个、97个、95个；而山西水利职业技术学院、吉林水利电力职业学院、黑龙江省水利学校/黑龙江水利高级技工学校3所水利类职业院校2018—2022年的获奖较少，均不足20个；此外，云南水利水电职业学院2018—2022年尚未获得这些奖项。

综上所述，从奖项覆盖度来看，2018—2022年"省部级及以上教学能力比赛获奖"和2018—2022年"省部级及以上优秀教师、职教名师、教学名师等"荣誉教师这两类奖项在水利类职业院校中的覆盖率较高，而2018—2022年入选"黄大年式教学团队"的覆盖率较低；从学院获得奖项数量来看，贵州水利水电职业技术学院获得奖项数量最多，且遥遥领先于排名第二的辽宁生态工程职业学院，而云南水利水电职业学院需要在各类奖项中争取突破。

2.5.2　教学科研能力分析
2.5.2.1　入选职业教育规划教材情况

教材是高职院校全面开展教师、教材、教法"三教"改革的基础，是提高高职院校教学质量的关键，有助于规范教学内容，创新教学方式，促进教学改革。国家有关部门高度重视教材建设，《"十四五"职业教育规划教材建设实施方案》指出，"十四五"职业教育规划教材建设要深入贯彻落实习近平总书记关于职业教育工作和教材工作的重要指示批示精神，全面贯彻党的教育方针，落实立德树人根本任务，强化教材建设国家事权，突显职业教育类型特色，坚持"统分结合、质量为先、分级规划、动态更新"原则，完善国家和省级职业教育教材规划建设机制。

因吉林水利电力职业学院、黑龙江省水利学校/黑龙江水利高级技工学校2所院校数据不准确，故本节暂不分析这2所院校的情况，本节统计了16所水利类职业院校入选国家级"十三五""十四五"职业教育规划教材数量，以及其中的水利类专业教材数量占全校的比例，具体如图2.5.8所示。

由图2.5.8可知，16所水利类职业院校在2018—2022年中共有13所院校有教材入选国家级"十三五""十四五"职业教育规划教材，涉及教材202种，其中水利类专业有74种教材入选，占比为36.63％。具体到各院校来看，黄河水利职业技术学院（50种）、安徽水利水电职业技术学院（38种）、杨凌职业技术学院（36种）入选国家级"十三五""十四五"职业教育规划教材数量较多，均超过35种；其次是广东水利电力职业技术学院（14种）、辽宁生态工程职业学院（13种）、河南水利与环境职业学院（10种），均不低于10种；而贵州水利水电职业技术学院、江西水利职业学院、云南水利水电职业学院均没有教材入选国家级"十三五""十四五"职业教育规划教材。

从水利类专业来看，山西水利职业技术学院、四川水利职业技术学院2所院校中水利类专业入选国家级"十三五""十四五"职业教育规划教材的数量占全校规划教材

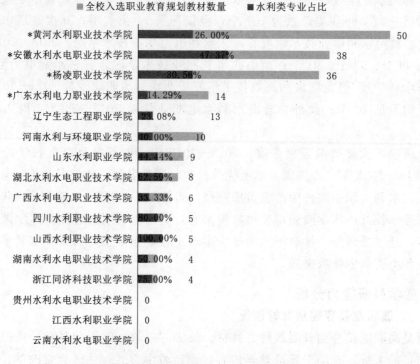

图 2.5.8　16 所水利类职业院校入选国家级"十三五""十四五"
职业教育规划教材数量以及水利类专业占比

总数的比例相对较大，分别为 100.00％、80.00％，这些院校中水利类专业在职业教育规划教材建设方面对学校的贡献较大；其次是浙江同济科技职业学院（75.00％）、湖北水利水电职业技术学院（62.50％）、湖南水利水电职业技术学院（50.00％），占比不低于 50％；然而，广东水利电力职业技术学院（14.29％）中水利类专业的职业教育规划教材占全校总数比例较低，不足两成。

　　综上所述，黄河水利职业技术学院、安徽水利水电职业技术学院、杨凌职业技术学院 3 所院校在职业教育规划教材方面建设成效较好，与其他水利类职业院校相比具有明显优势，而其他院校均在此方面存在一定的进步空间；此外，山西水利职业技术学院、四川水利职业技术学院 2 所院校的水利类专业在职业教育规划教材建设方面对全校的贡献度更大。各院校应鼓励全校教师结合教法和教材改革的新特点建设一批内容形式精良的教材，不断提升学校教材建设水平，落实立德树人根本任务，为人才培养和专业建设提供坚实保障。

2.5.2.2　入选国家级在线精品课程情况

　　随着素质教育的推进，课程教学也随之不断地改革和优化，逐渐向满足社会对人才实际需求的教学方向发展，而优质课程建设是集中学校各项优质的教育资源，使教学质量得到提升和不断优化，并以其示范效应和辐射功能推动专业教学整体提升的一项教学创建活动。

　　本节统计了 18 所水利类职业院校中入选国家级在线精品课程数量，以及其中水利类专业入选国家级在线精品课程数量占全校的比例，具体如图 2.5.9 所示。

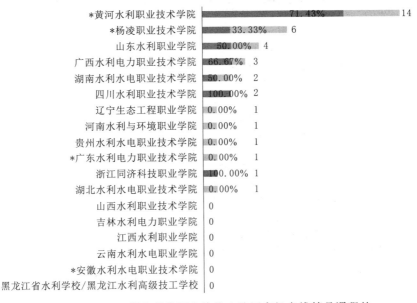

图 2.5.9　18 所水利类职业院校入选国家级在线精品课程的
数量及水利类专业占比情况

　　由图 2.5.9 可知，18 所水利类职业院校共有 12 所院校有课程入选国家级在线精品课程，总共涉及 37 项课程，其中有 20 项为水利类专业课程，占比为 54.05%。具体到各院校来看，黄河水利职业技术学院入选国家级在线精品课程的数量最多，为 14 项；其次是杨凌职业技术学院、山东水利职业学院、广西水利电力职业技术学院，入选国家级在线精品课程数量分别为 6 项、4 项、3 项，其他院校入选国家级在线精品课程的数量均不足 3 项，相对较少。

　　从水利类专业来看，浙江同济科技职业学院、四川水利职业技术学院入选国家级在线精品课程的均为水利类专业课程，这 2 所院校的水利类专业在在线精品课程项目建设方面对学校的贡献最大；其次是黄河水利职业技术学院、广西水利电力职业技术学院、山东水利职业学院、湖南水利水电职业技术学院 4 所院校，其水利类专业在线精品课程项目占全校的比例均不低于 50%；其他院校中水利类专业的占比相对较低。

　　综上所述，黄河水利职业技术学院入选国家级在线精品课程数量最多，且其水利类专业在在线精品课程项目建设方面对学校所做的贡献也较大；此外，浙江同济科技职业学院、四川水利职业技术学院的水利类专业在此方面对学校的贡献也较大，但整体具有较大的进步空间。

2.5.2.3　入选国家级课程思政示范项目情况

　　本节还统计了 18 所水利类职业院校中入选国家级课程思政示范项目数量，以及水利类专业入选国家级课程思政示范项目数量占比，具体如图 2.5.10 所示。

图 2.5.10　18 所水利类职业院校中入选国家级课程思政示范项目的
数量及水利类专业占比情况

由图 2.5.10 可知，18 所水利类职业院校中有 5 所院校有项目入选国家级课程思政示范项目，共涉及项目数量 12 项，其中水利类专业有 5 项，占全校的比例为 41.67%。具体到各院校来看，杨凌职业技术学院、黄河水利职业技术学院 2 所院校中入选国家级课程思政示范项目的数量最多，分别为 6 项、3 项，黄河水利职业技术学院拥有全国唯一的 1 个水利类课程思政示范研究中心；广东水利电力职业技术学院、山东水利职业学院、广西水利电力职业技术学院 3 所院校均有 1 项入选国家级课程思政示范项目；其他院校暂时没有项目入选国家级课程思政示范项目。

从水利类专业来看，广东水利电力职业技术学院、山东水利职业学院和广西水利电力职业技术学院 3 所院校中入选国家级课程思政示范项目的项目均为水利类专业项目，可见在这 3 所院校中水利类专业在课程思政示范项目建设方面对学校贡献最大；而杨凌职业技术学院的水利类专业暂无项目入选国家级课程思政示范项目。

综上所述，杨凌职业技术学院、黄河水利职业技术学院 2 所院校在国家级课程思政示范项目建设方面成效较好，入选国家级课程思政示范项目的数量相对最多，黄河水利职业技术学院拥有全国唯一的 1 个水利类课程思政示范研究中心，但其中杨凌职业技术学院的水利类专业贡献较小；广东水利电力职业技术学院、山东水利职业学院、广西水利电力职业技术学院 3 所院校的水利类专业在国家级课程思政示范项目建设方面对学校贡献最大，但整体具有一定的进步空间。

2.5.2.4　省部级及以上"双师型"教师培训教育基地情况

本节统计了 18 所水利类职业院校的省部级及以上"双师型"教师培训教育基地数

量，以及其中的水利类专业基地占比，具体如图 2.5.11 所示。

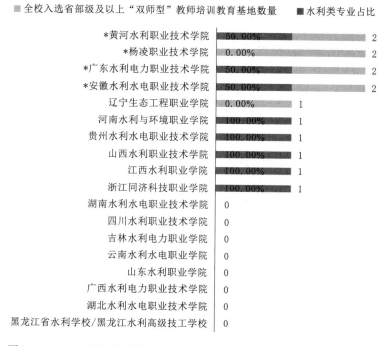

图 2.5.11　18 所水利类职业院校中省部级及以上"双师型"教师培训
教育基地数量及水利类专业占比

由图 2.5.11 可知，18 所水利类职业院校中有 10 所院校有省部级及以上"双师型"教师培训教育基地，共有基地数量 14 个，其中水利类专业基地 8 个，占全校的比例为 57.14%。具体到各院校来看，黄河水利职业技术学院、杨凌职业技术学院、广东水利电力职业技术学院、安徽水利水电职业技术学院 4 所院校均有 2 个省部级及以上"双师型"教师培训教育基地，数量相对较多。

从水利类专业来看，黄河水利职业技术学院、贵州水利水电职业技术学院 2 所学校均获批设立国家级水利类双师型培训基地，这 2 所学校对水利院校专业"双师型"教师培训贡献最大；河南水利与环境职业学院、贵州水利水电职业技术学院、山西水利职业技术学院、江西水利职业学院、浙江同济科技职业学院 5 所院校中都是仅水利类专业有 1 个省部级及以上"双师型"教师培训教育基地，这 5 所院校中水利类专业在"双师型"教师培训教育基地建设方面对学校的贡献最大。

综上所述，黄河水利职业技术学院、杨凌职业技术学院、广东水利电力职业技术学院、安徽水利水电职业技术学院 4 所院校在"双师型"教师培训教育基地建设方面成效显著，其省部级及以上"双师型"教师培训教育基地相对较多，其他院校较少；黄河水利职业技术学院、贵州水利水电职业技术学院 2 所学校均获批设立国家级水利类双师型培训基地，这 2 所学校对水利院校专业"双师型"教师培训贡献最大；河南水利与环境职业学院、贵州水利水电职业技术学院、山西水利职业技术学院、江西水利职业学院、浙江同济科技职业学院5所院校中水利类专业在"双师型"教师培训教育基地建设方面对学校贡献最大,其"双师型"教师培训教育基地均为水利类专业基地,但整体具有较大的进步空间。

2.5.2.5 参与教学改革试点情况

本节统计了18所水利类职业院校参与教学改革试点情况,具体如图2.5.12所示。由图2.5.12可知,就三类试点项目的院校参与情况来看,省级及以上水利类专业现代学徒制试点的参与院校数量最多,参与此项目的水利类职业院校有10所,占比为55.56%;其次是省级及以上诊断与改进试点单位,参与此项目的水利类职业院校有8所,占比为44.44%;然后是"三全育人"综合改革试点单位,参与此项目的水利类职业院校有5所,占比为27.78%。

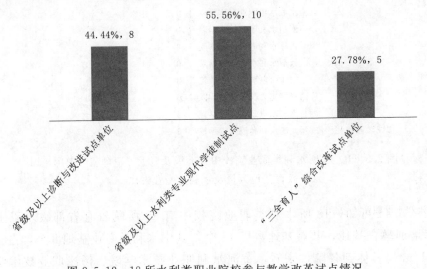

图 2.5.12　18所水利类职业院校参与教学改革试点情况

《中华人民共和国职业教育法》(以下简称《职业教育法》)明确指出:"国家推行中国特色学徒制,引导企业按照岗位总量的一定比例设立学徒岗位,鼓励和支持有技术技能人才培养能力的企业特别是产教融合型企业与职业学校、职业培训机构开展合作,对新招用职工、在岗职工和转岗职工进行学徒培训,或者与职业学校联合招收学生,以工学结合的方式进行学徒培养。"我国水利类职业院校在省级及以上水利类专业现代学徒制试点中的参与度较高,充分说明了水利类职业院校积极探索现代学徒制,不断创新人才培养模式。

18所院校在各类教学改革试点项目中的具体参与情况见表2.5.2,由表2.5.2可知,黄河水利职业技术学院、四川水利职业技术学院、安徽水利水电职业技术学院3所院校参与教学改革的积极性较强,这些院校在省级及以上诊断与改进试点、省级及以上水利类专业现代学徒制试点、"三全育人"综合改革试点3类教学改革试点中均有参与;其次是江西水利职业学院、杨凌职业技术学院、广东水利电力职业技术学院、山东水利职业学院4所院校,均参与了2类教学改革试点,而辽宁生态工程职业学院、贵州水利水电职业技术学院、山西水利职业技术学院、吉林水利电力职业学院、云南水利水电职业学院 5 所均未参与以上试点。

表 2.5.2　　　　　　　各院校在各类教学改革试点项目中的参与情况

院 校 名 称	是否为省级及以上诊断与改进试点单位	是否省级及以上水利类专业现代学徒制试点	是否为"三全育人"综合改革试点单位	参与试点项目数量
*黄河水利职业技术学院	是	是	是	3
四川水利职业技术学院	是	是	是	3
*安徽水利水电职业技术学院	是	是	是	3
江西水利职业学院	是	是	否	2
*杨凌职业技术学院	是	否	是	2
*广东水利电力职业技术学院	是	是	否	2
山东水利职业学院	是	是	否	2
湖南水利水电职业技术学院	否	是	—	1
河南水利与环境职业学院	否	是	否	1
黑龙江省水利学校/黑龙江水利高级技工学校	—	是	—	1
广西水利电力职业技术学院	—	否	是	1
浙江同济科技职业学院	否	是	否	1
湖北水利水电职业技术学院	是	否	否	1
辽宁生态工程职业学院	否	否	否	0
贵州水利水电职业技术学院	否	否	否	0
山西水利职业技术学院	否	否	否	0
吉林水利电力职业学院	否	否	否	0
云南水利水电职业学院	否	否	否	0

2.5.2.6　专业资源库建设情况

职业教育的办学特色就在于坚持产教融合、校企合作，职业教育发展的必由之路必然是工学结合、知行合一。资源库为校企合作搭建了平台，无论是"双师型"教学团队建设，还是在校学生和企业员工的培养培训，资源库发挥了不可或缺的作用。

本节统计了 18 所水利类职业院校参与或承担专业资源库建设情况，具体如图 2.5.13 所示。由图 2.5.13 可知，18 所水利类职业院校中有 13 所院校均参与或承担了专业资源库的建设。具体来看，辽宁生态工程职业学院、安徽水利水电职业技术学院 2 所院校参与或承担建设的专业资源库数量相对较多，分别有 11 和 10 个；其次是杨凌职业技术学院、浙江同济科技职业学院、山东水利职业学院、四川水利职业技术学院、河南水利与环境职业学院和黄河水利职业技术学院，这 6 所院校参与或承担建设的专业资源库数量均不低于 5 个；从国家级水利类专业资源库主持建设情况来看，黄河水利职业技术学院（2 个）、杨凌职业学院最多；此外，贵州水利水电职业技术学院、吉林水利电力职业学院、江西水利职业学院、云南水利水电职业学院和黑龙江省水利学校/黑龙江水利高级技工学校 5 所院校暂未参与或承担专业资源库的建设。

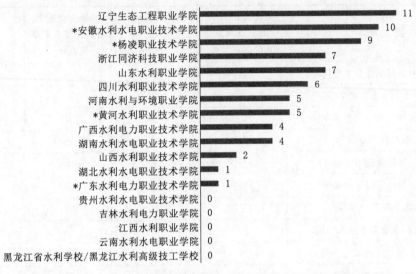

图 2.5.13　18 所水利类职业院校参与或承担建设的专业资源库数量

2.5.2.7　纵向科研项目及横向技术服务与培训情况

1. 省部级及以上纵向科研项目建设情况

为分析水利类职业院校教师的教研成果建设情况，本节统计了 18 所水利类职业院校 2018—2022 年的省部级及以上纵向科研项目情况，由数据可知，18 所水利类职业院校中有 15 所院校 2018—2022 年获得了省部级及以上纵向科研项目，项目总数为 1624 项，涉及总经费 9076.67 万元，平均每个项目的经费为 5.59 万元。

各水利类职业院校 2018—2022 年省部级及以上纵向科研项目数量和经费总额具体如图 2.5.14 所示，由图 2.5.14 可知，从项目数量来看，黄河水利职业技术学院、安徽水利水电职业技术学院 2 所院校 2018—2022 年省部级及以上纵向科研项目数量最多，分别为 457 项、415 项；其次是江西水利职业学院和广东水利电力职业技术学院，分别为 126 项、122 项；而贵州水利水电职业技术学院、云南水利水电职业学院和黑龙江省水利学校/黑龙江水利高级技工学校 2018—2022 年暂无省部级及以上纵向科研项目。

从项目经费总额来看，安徽水利水电职业技术学院、山东水利职业学院和广东水利电力职业技术学院 3 所院校 2018—2022 年省部级及以上纵向科研项目经费总额相对较高，均在 1000 万元以上；其次是湖南水利水电职业技术学院、江西水利职业学院和杨凌职业技术学院，其经费总额均在 800 万元以上；黄河水利职业技术学院、山西水利职业技术学院、辽宁生态工程职业学院 3 所院校 2018—2022 年省部级及以上纵向科研项目的经费总额也在 190 万元以上；其他院校的经费总额均不足 100 万元。

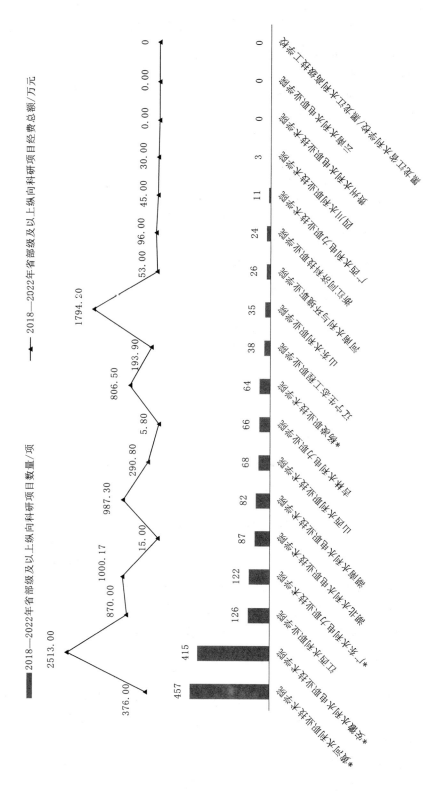

图 2.5.14 18 所水利类职业院校 2018—2022 年省部级及以上纵向科研项目数量及经费总额

综上所述，黄河水利职业技术学院、安徽水利水电职业技术学院、江西水利职业学院和广东水利电力职业技术学院的 2018—2022 年省部级及以上纵向科研项目数量相对较多，且项目经费总额也相对较高。

2. 横向技术服务与培训情况

本节统计了 18 所水利类职业院校 2018—2022 年横向技术服务与培训到款总额情况，统计得到 18 所水利类职业院校 2018—2022 年有 16 所院校的横向技术服务与培训到款总额不为 0，总计 124651.39 万元。各院校的具体情况如图 2.5.15 所示。

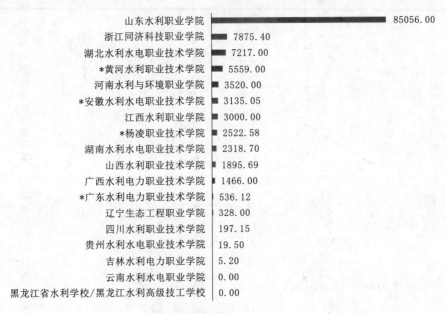

图 2.5.15　18 所水利类职业院校 2018—2022 年横向技术
服务与培训到款总额（万元）

由图 2.5.15 可知，山东水利职业学院 2018—2022 年横向技术服务与培训到款总额最多，为 85056.00 万元；其次是浙江同济科技职业学院和湖北水利水电职业技术学院，其 2018—2022 年横向技术服务与培训到款总额分别为 7875.40 万元、7217.00 万元；而贵州水利水电职业技术学院、吉林水利电力职业学院 2018—2022 年横向技术服务与培训到款总额相对较少，均不足 20 万元；此外云南水利水电职业学院和黑龙江省水利学校/黑龙江水利高级技工学校 2018—2022 年横向技术服务与培训到款额为 0。

综上所述，山东水利职业学院、浙江同济科技职业学院、湖北水利水电职业技术学院 3 所院校 2018—2022 年在横向技术服务与培训方面建设成效显著，其 2018—2022 年横向技术服务与培训到款总额相对较高；云南水利水电职业学院、黑龙江省水利学校/黑龙江水利高级技工学校 2 所院校在横向技术服务与培训方面具有很大的进步空间。

3. 专利获取情况

本节统计了 18 所水利类职业院校 2018—2022 年专利（含发明专利、实用专利）总数，统计发现，18 所水利类职业院校中有 16 所院校 2018—2022 年获得了专利（含发明专利、实用专利）总数为 3228 个。各院校具体情况如图 2.5.16 所示。

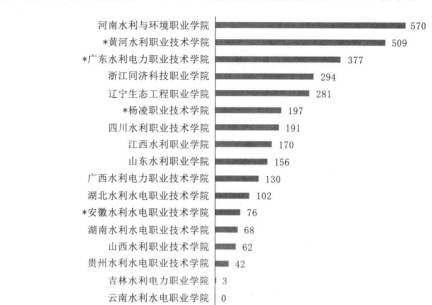

图 2.5.16　18 所水利类职业院校 2018—2022 年专利总数

由图 2.5.16 可知，河南水利与环境职业学院、黄河水利职业技术学院 2 所院校 2018—2022 年专利（含发明专利、实用专利）总数最多，分别为 570 个、509 个；其次是广东水利电力职业技术学院、浙江同济科技职业学院、辽宁生态工程职业学院 3 所院校，2018—2022 年专利（含发明专利、实用专利）总数均在 280 个以上；而吉林水利电力职业学院 2018—2022 年专利（含发明专利、实用专利）总数相对较少，不足 5 个；此外云南水利水电职业学院、黑龙江省水利学校/黑龙江水利高级技工学校 2 所院校 2018—2022 年暂无专利（含发明专利、实用专利）。

综上所述，河南水利与环境职业学院、黄河水利职业技术学院、广东水利电力职业技术学院、浙江同济科技职业学院、辽宁生态工程职业学院 5 所院校 2018—2022 年专利（含发明专利、实用专利）总数相对较多；云南水利水电职业学院、黑龙江省水利学校/黑龙江水利高级技工学校 2 所院校 2018—2022 年暂无专利（含发明专利、实用专利），学校在这方面的建设有待提升。

2.5.2.8　职业教育集团及科研技术服务平台建设情况

1. 职业教育集团建设情况

本节统计了 18 所水利类职业院校牵头或主持的职业教育集团数量，统计得到，18 所水利类职业院校中有 15 所院校牵头或主持了职业教育集团数量，共计 22 个，各院校的具体数据如图 2.5.17 所示。

由图 2.5.17 可知，黄河水利职业技术学院、辽宁生态工程职业学院牵头或主持职业教育集团数量相对较多，分别为 6 个、3 个；除吉林水利电力职业学院、江西水利

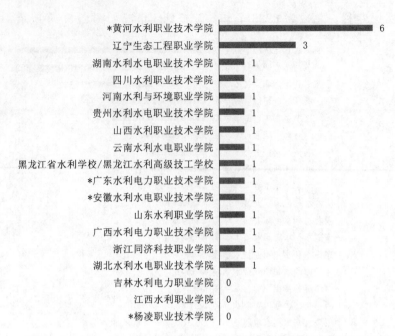

图2.5.17　18所水利类职业院校牵头或主持职业教育集团数量

职业学院和杨凌职业技术学院外，其他院校均牵头或主持了1个职业教育集团。

综上所述，黄河水利职业技术学院、辽宁生态工程职业学院2所院校在职业教育集团建设方面成效较好，牵头或主持的职业教育集团数量相对较多；吉林水利电力职业学院、江西水利职业学院、杨凌职业技术学院3所院校暂未牵头或主持职业教育集团。

2.科研技术服务业平台建设情况

本节统计了18所水利类职业院校科研技术服务平台建设总数，统计得到，18所水利类职业院校中有9所院校建设了科研技术服务平台，建设总数为94个，各院校具体情况如图2.5.18所示。

由图2.5.18可知，黄河水利职业技术学院、河南水利与环境职业学院、山东水利职业学院3所院校的科研技术服务平台建设总数相对较多，分别为45个、15个、15个；其次是广东水利电力职业技术学院、贵州水利水电职业技术学院，其科研技术服务平台建设总数均不少于5个；此外还有9所水利类职业院校暂时没有科研技术服务平台。

综上所述，黄河水利职业技术学院、河南水利与环境职业学院、山东水利职业学院3所院校在科研技术服务平台建设方面成效显著，其科研技术服务平台建设总数相对较多，此外有9所水利类职业院校暂时没有科研技术服务平台，有待提升。

2.5.3　国际合作与交流情况分析

随着"一带一路"建设持续推进，职业教育服务国际产能合作和中外人文交流的平台作用和支撑作用日益凸显。提高职业教育国际合作与交流水平，是扩大教育开放

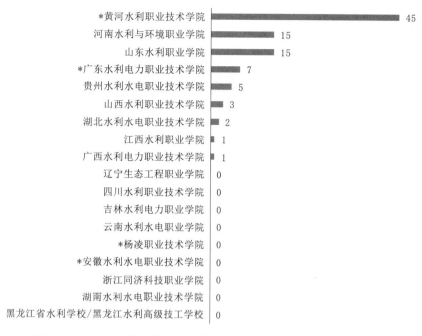

图 2.5.18   18 所水利类职业院校科研技术服务平台建设总数（个）

的重要方面，也是新时代职业教育现代化的重要内涵。《关于推动现代职业教育高质量发展的意见》等政策指出，要打造中国特色的职业教育品牌，提升中外合作办学水平、拓展中外合作交流平台以及推动职业教育走出去。2022 年 12 月两办印发的《关于深化现代职业教育体系建设改革的意见》进一步指出要创新国际交流与合作机制，在世界职业技术教育发展大会和世界职业院校技能大赛、专业标准、课程标准、"中文＋职业技能"项目等方面做优做强，提升中国职业教育的国际影响力。

为分析水利类职业院校在 2018—2022 年的国际合作与交流情况，本节统计了水利类职业院校整体以及水利类专业在国（境）外指导开展培训情况、设立人才教育培训基地数量情况、配合"走出去"开展的教育培训情况、留学生培养情况、中外合作办学情况、国际化专业教学标准及教学课程标准建设情况、国际化教学资源建设情况等在国际合作与交流方面上获得的成果情况。

2.5.3.1   国（境）外开展培训情况

因河南水利与环境职业学院的数据不准确，故本节不分析此院校的情况，本节统计了 17 所水利类职业院校 2018—2022 年专任教师赴国（境）外累计指导开展培训人次及水利类专业占全校比例情况，具体如图 2.5.19 所示。

整体来看，17 所水利类职业院校中有 8 所院校 2018—2022 年组织了专任教师赴国（境）外指导开展培训，累计 1588 人次，其中水利类专业 2018—2022 年专任教师赴国（境）外累计指导开展培训 1142 人次，占比 71.91%。

从各院校来看，广东水利电力职业技术学院（1216 人次）2018—2022 年专任教师赴国（境）外累计指导开展培训人次最多，超过了 1200 人次；其次是山东水利职业学

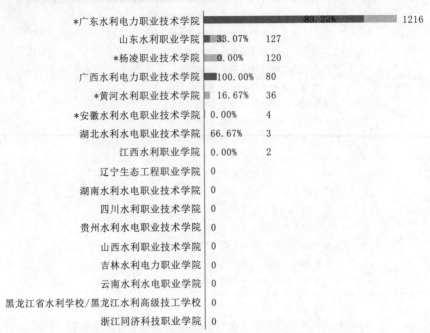

图 2.5.19　17 所水利类职业院校及水利类专业专任教师赴国（境）外
累计指导开展培训情况

院（127 人次）、杨凌职业技术学院（120 人次），均不低于 120 人次；而安徽水利水电职业技术学院（4 人次）、湖北水利水电职业技术学院（3 人次）、江西水利职业学院（2 人次）2018—2022 年专任教师赴国（境）外累计指导开展培训人次相对较少，均不足 5 人次。此外，辽宁生态工程职业学院、湖南水利水电职业技术学院、四川水利职业技术学院、贵州水利水电职业技术学院、山西水利职业技术学院、吉林水利电力职业学院、云南水利水电职业学院、黑龙江省水利学校/黑龙江水利高级技工学校、浙江同济科技职业学院 2018—2022 年专任教师赴国（境）外累计指导开展培训人次均为 0。

从水利类专业来看，广西水利电力职业技术学院（100.00%）2018—2022 年专任教师赴国（境）外累计指导开展培训人次占比最大，全校所有赴国（境）外指导开展培训的专任教师均为水利类专业的教师；其次是广东水利电力职业技术学院（83.22%）、湖北水利水电职业技术学院（66.67%），占比均超过 60%；而杨凌职业技术学院（0.00%）、安徽水利水电职业技术学院（0.00%）、江西水利职业学院（0.00%）赴国（境）外指导开展培训的专任教师均不属于水利类专业教师。

综上所述，广东水利电力职业技术学院 2018—2022 年专任教师赴国（境）外累计指导开展培训人次最多且水利类专业在全校的占比较高；广西水利电力职业技术学院水利类专业对全校专任教师赴国（境）外累计指导开展培训的贡献度最高，但从全校来看该指标仍有待提升；而其他院校在学校整体及水利类专业贡献度上均有待提升。

2.5.3.2 2018—2022年内在国（境）外设立人才教育培训基地数量情况

因贵州水利水电职业技术学院的数据不准确，故本节不分析此院校的情况，本节统计了17所水利类职业院校2018—2022年内在国（境）外设立人才教育培训基地数量及水利类专业占全校比例情况，具体如图2.5.20所示。

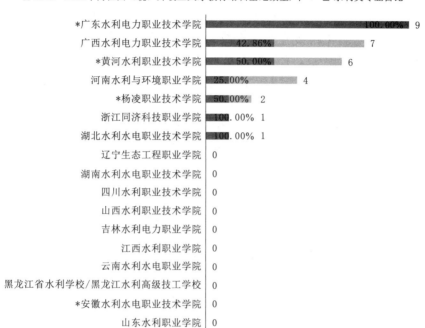

图 2.5.20 17所水利类职业院校及水利类专业2018—2022年内在国（境）外
设立人才教育培训基地数量情况

整体来看，17所水利类职业院校中有7所院校2018—2022年内在国（境）外设立了人才教育培训基地，共计30个，其中水利类专业2018—2022年内在国（境）外设立人才教育培训基地19个，占比63.33%。

从各院校来看，广东水利电力职业技术学院（9个）2018—2022年内在国（境）外设立人才教育培训基地数量最多；其次是广西水利电力职业技术学院（7个）、黄河水利职业技术学院（6个），均超过5个；而浙江同济科技职业学院（1个）、湖北水利水电职业技术学院（1个）2018—2022年内在国（境）外设立人才教育培训基地数量相对较少，均不足2个。此外，辽宁生态工程职业学院、湖南水利水电职业技术学院、四川水利职业技术学院、山西水利职业技术学院、吉林水利电力职业学院、江西水利职业学院、云南水利水电职业学院、黑龙江省水利学校/黑龙江水利高级技工学校、安徽水利水电职业技术学院、山东水利职业学院2018—2022年均未在国（境）外设立人才教育培训基地。

从水利类专业来看，广东水利电力职业技术学院（100.00%）、浙江同济科技职业学院（100.00%）、湖北水利水电职业技术学院（100.00%）2018—2022年内在国（境

（境）外设立人才教育培训基地数量占全校总数的比例最大，全校 2018—2022 年在国（境）外设立人才教育培训基地均为水利类专业设立的；其次是黄河水利职业技术学院（50.00%）、杨凌职业技术学院（50.00%），占比均为 50%；而广西水利电力职业技术学院（42.86%）、河南水利与环境职业学院（25.00%）水利类专业设立的人才教育培训基地占全校总数的比例较低。

综上所述，广东水利电力职业技术学院 2018—2022 年内在国（境）外设立人才教育培训基地数量最多且水利类专业在全校的占比最高，此外浙江同济科技职业学院、湖北水利水电职业技术学院 2 所院校的水利类专业对全校在国（境）外设立人才教育培训基地贡献度最高但学校整体水平有待提升，而其他院校在学校整体及水利类专业贡献度上均有待提升。

2.5.3.3　2018—2022 年配合"走出去"开展的教育培训情况

本节统计了 18 所水利类职业院校 2018—2022 年配合"走出去"开展的教育培训量及水利类专业占全校比例情况，具体如图 2.5.21 所示。

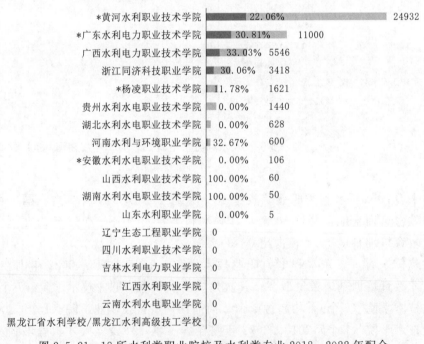

图 2.5.21　18 所水利类职业院校及水利类专业 2018—2022 年配合"走出去"开展的教育培训情况

整体来看，18 所水利类职业院校中有 12 所院校 2018—2022 年配合"走出去"开展了教育培训，共计 49406 人日，其中水利类专业 2018—2022 年配合"走出去"开展的教育培训量 12264 人日，占比 24.82%。

从各院校来看，黄河水利职业技术学院（24932 人日）、广东水利电力职业技术学院（11000 人日）2018—2022 年配合"走出去"开展的教育培训情况最好，超过了

10000 人日；其次是广西水利电力职业技术学院（5546 人日）、浙江同济科技职业学院（3418 人日）、杨凌职业技术学院（1621 人日）、贵州水利水电职业技术学院（1440 人日），均超过了 1000 人日；而山西水利职业技术学院（60 人日）、湖南水利水电职业技术学院（50 人日）、山东水利职业学院（5 人日）2018—2022 年配合"走出去"开展的教育培训情况相对较差，均不足 100 人日。此外，辽宁生态工程职业学院、四川水利职业技术学院、吉林水利电力职业学院、江西水利职业学院、云南水利水电职业学院、黑龙江省水利学校/黑龙江水利高级技工学校 2018—2022 年配合"走出去"开展的教育培训量均为 0。

从水利类专业来看，山西水利职业技术学院（100.00%）、湖南水利水电职业技术学院（100.00%）2018—2022 年配合"走出去"开展的教育培训量占比最大，参加教育培训的教师均属于水利类专业；其次是广西水利电力职业技术学院（33.03%）、河南水利与环境职业学院（32.67%）、广东水利电力职业技术学院（30.81%）、浙江同济科技职业学院（30.60%），其占比均超过 30%；而山东水利职业学院（0.00%）、湖北水利水电职业技术学院（0.00%）、贵州水利水电职业技术学院（0.00%）、安徽水利水电职业技术学院（0.00%）2018—2022 年参加教育培训的教师均不属于水利类专业。

综上所述，黄河水利职业技术学院、广东水利电力职业技术学院、广西水利电力职业技术学院、浙江同济科技职业学院 2018—2022 年配合"走出去"开展的教育培训量相对较大且水利类专业对全校做出了一定的贡献，山西水利职业技术学院、湖南水利水电职业技术学院两所院校水利类专业对学校的贡献度较大但学校整体水平有待提升，而其他院校在学校整体及水利类专业贡献度上均有待提升。

2.5.3.4 留学生培养情况

因广东水利电力职业技术学院的数据不准确，故本节不分析此院校的情况，本节统计了 17 所水利类职业院校 2022 学年在校学习学时 20 学时以上的留学生人数及水利类专业占全校比例情况，具体如图 2.5.22 所示。

整体来看，17 所水利类职业院校中有 5 所院校 2022 学年拥有在校学习学时 20 学时以上的留学生，共计 399 人，其中水利类专业 2022 学年在校学习学时 20 学时以上的留学生人数 32 人，占比 8.02%。

从各院校来看，黄河水利职业技术学院（267 人）2022 学年在校学习学时 20 学时以上的留学生人数最多，超过了 250 人；而山东水利职业学院（44 人）、贵州水利水电职业技术学院（33 人）、安徽水利水电职业技术学院（30 人）、浙江同济科技职业学院（25 人）2022 学年在校学习学时 20 学时以上的留学生人数相对较少，均不足 50 人。此外，辽宁生态工程职业学院、湖南水利水电职业技术学院、四川水利职业技术学院、河南水利与环境职业学院、山西水利职业技术学院、吉林水利电力职业学院、江西水利职业学院、云南水利水电职业学院、黑龙江省水利学校/黑龙江水利高级技工学校、杨凌职业技术学院、广西水利电力职业技术学院、湖北水利水电职业技术学院 2022 学年在校学习学时 20 学时以上的留学生人数均为 0。

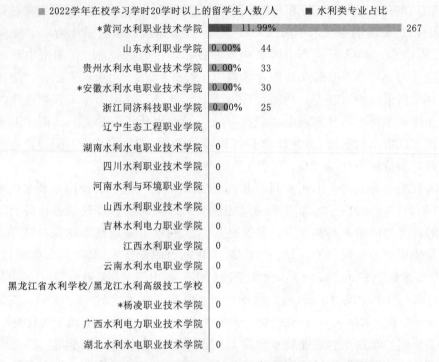

图 2.5.22　17所水利类职业院校及水利类专业2022学年在校学习
学时 20 学时以上的留学生人数情况

从水利类专业来看，仅有黄河水利职业技术学院 2022 学年在校学习学时 20 学时以上的留学生中有水利类专业学生，占比 11.99%；而山东水利职业学院（0.00%）、贵州水利水电职业技术学院（0.00%）、安徽水利水电职业技术学院（0.00%）、浙江同济科技职业学院（0.00%）的所有留学生均不属于水利类专业。

综上所述，黄河水利职业技术学院 2022 学年在校学习学时 20 学时以上的留学生人数最多且水利类专业在全校的占比最高，而其他院校均有待提升。

2.5.3.5　中外合作办学情况

1. 2018—2022 年内在教育部或省教育厅（教委）备案的中外合作办学机构情况

本节统计了 18 所水利类职业院校 2018—2022 年内在教育部或省教育厅（教委）备案的中外合作办学机构数及水利类专业占全校比例情况，具体如图 2.5.23 所示。

整体来看，18 所水利类职业院校中有 5 所院校 2018—2022 年内在教育部或省教育厅（教委）备案了中外合作办学机构，共计 6 个，其中水利类专业 2018—2022 年内在教育部或省教育厅（教委）备案的中外合作办学机构数共 3 个，占比 50.00%。

从各院校来看，杨凌职业技术学院（2 个）2018—2022 年内在教育部或省教育厅（教委）备案的中外合作办学机构数量最多；黄河水利职业技术学院、河南水利与环境职业学院、广东水利电力职业技术学院、安徽水利水电职业技术学院 2018—2022 年内在教育部或省教育厅（教委）备案的中外合作办学机构数量均为 1 个；而其余 13 所院校 2018—2022 年内均无在教育部或省教育厅（教委）备案的中外合作办学机构。

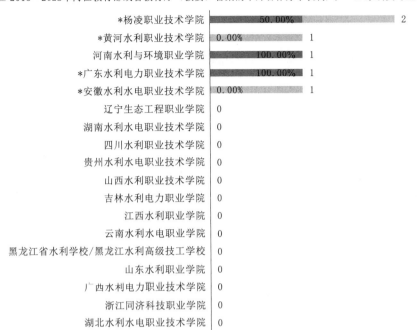

图 2.5.23　18 所水利类职业院校及水利类专业 2018—2022 年内在教育部或
省教育厅（教委）备案的中外合作办学机构情况

从水利类专业来看，河南水利与环境职业学院（100.00％）、广东水利电力职业技术学院（100.00％）2018—2022 年内在教育部或省教育厅（教委）备案的中外合作办学机构数量占比最大，备案的中外合作办学机构均属于水利类专业；其次是杨凌职业技术学院（50.00％），有 1 个备案的中外合作办学机构均属于水利类专业；而黄河水利职业技术学院（0.00％）、安徽水利水电职业技术学院（0.00％）水利类专业无备案的中外合作办学机构。

综上所述，杨凌职业技术学院、黄河水利职业技术学院、河南水利与环境职业学院、广东水利电力职业技术学院、安徽水利水电职业技术学院 2018—2022 年内有在教育部或省教育厅（教委）备案的中外合作办学机构，其中杨凌职业技术学院、河南水利与环境职业学院、广东水利电力职业技术学院水利类专业对学校的贡献度较高，而其他院校的本指标水平均有待提升。

2. 2018—2022 年内在教育部或省教育厅（教委）备案的中外合作办学项目情况

本节统计了 18 所水利类职业院校 2018—2022 年内在教育部或省教育厅（教委）备案的中外合作办学项目数及水利类专业占全校比例情况，具体如图 2.5.24 所示。

整体来看，18 所水利类职业院校中有 8 所院校 2018—2022 年内在教育部或省教育厅（教委）备案了中外合作办学项目，共计 25 个，其中水利类专业 2018—2022 年内在教育部或省教育厅（教委）备案的中外合作办学项目共 9 个，占比 36.00％。

从各院校来看，黄河水利职业技术学院（7 个）2018—2022 年内在教育部或省教

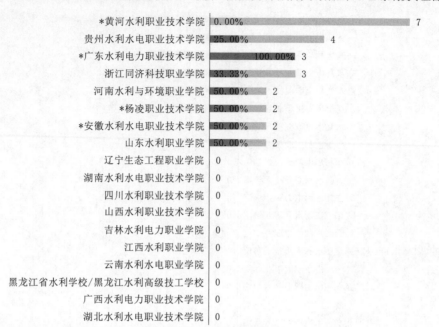

图 2.5.24　18 所水利类职业院校及水利类专业 2018—2022 年内在教育部或
省教育厅（教委）备案的中外合作办学项目情况

育厅（教委）备案的中外合作办学项目数量最多；其次是贵州水利水电职业技术学院
（4 个）、广东水利电力职业技术学院（3 个）、浙江同济科技职业学院（3 个），均不低
于 3 个；而河南水利与环境职业学院、杨凌职业技术学院、安徽水利水电职业技术学
院、山东水利职业学院 2018—2022 年内在教育部或省教育厅（教委）备案的中外合作
办学项目数量均为 2 个。此外，辽宁生态工程职业学院、湖南水利水电职业技术学院、
四川水利职业技术学院、山西水利职业技术学院、吉林水利电力职业学院、江西水利
职业学院、云南水利水电职业学院、黑龙江省水利学校/黑龙江水利高级技工学校、广
西水利电力职业技术学院、湖北水利水电职业技术学院 2018—2022 年内均无在教育部
或省教育厅（教委）备案的中外合作办学项目。

从水利类专业来看，广东水利电力职业技术学院（100.00％）2018—2022 年内在
教育部或省教育厅（教委）备案的中外合作办学项目数量占比最大，备案的中外合作
办学项目均属于水利类专业；其次是河南水利与环境职业学院（50.00％）、杨凌职业
技术学院（50.00％）、安徽水利水电职业技术学院（50.00％）、山东水利职业学院
（50.00％），均有 1 个备案的中外合作办学项目属于水利类专业；而黄河水利职业技术
学院（0.00％）水利类专业无备案的中外合作项目。

综上所述，黄河水利职业技术学院 2018—2022 年内在教育部或省教育厅（教委）
备案的中外合作办学项目数量最多但水利类专业无备案的中外合作项目，广东水利电
力职业技术学院水利类专业在全校的占比较高，而其他院校在学校整体及水利类专业

贡献度上均有待提升。

2.5.3.6 国际化专业教学标准及教学课程标准建设情况

1. 2018—2022 年合作开发国际化专业教学标准情况

本节统计了 18 所水利类职业院校 2018—2022 年合作开发国际化专业教学标准数及水利类专业占全校比例情况，具体如图 2.5.25 所示。

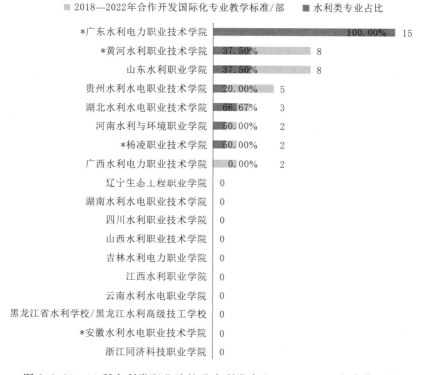

图 2.5.25　18 所水利类职业院校及水利类专业 2018—2022 年合作开发
国际化专业教学标准情况

整体来看，18 所水利类职业院校中有 8 所院校 2018—2022 年合作开发了国际化专业教学标准，共计 45 部，其中水利类专业 2018—2022 年合作开发国际化专业教学标准共 26 部，占比 57.78%。

从各院校来看，广东水利电力职业技术学院（15 部）2018—2022 年合作开发国际化专业教学标准数量最多；其次是黄河水利职业技术学院（8 部）、山东水利职业学院（8 部）、贵州水利水电职业技术学院（5 部），均不低于 5 部；而湖北水利水电职业技术学院（3 部）、河南水利与环境职业学院（2 部）、杨凌职业技术学院（2 部）、广西水利电力职业技术学院（2 部）2018—2022 年合作开发国际化专业教学标准数量相对较少，均低于 5 部。此外，辽宁生态工程职业学院、湖南水利水电职业技术学院、四川水利职业技术学院、山西水利职业技术学院、吉林水利电力职业学院、江西水利职业学院、云南水利水电职业学院、黑龙江省水利学校/黑龙江水利高级技工学校、安徽水利水电职业技术学院、浙江同济科技职业学院 2018—2022 年均无合作开发国际化专业教学标准。

从水利类专业来看，广东水利电力职业技术学院（100.00％）2018—2022年合作开发国际化专业教学标准数量占比最大，该校所有国际化专业教学标准均为水利类专业合作开发的；其次是湖北水利水电职业技术学院（66.67％）、河南水利与环境职业学院（50.00％）、杨凌职业技术学院（50.00％），其占比均不低于50％；而广西水利电力职业技术学院（0.00％）水利类专业没有合作开发国际化专业教学标准。

综上所述，广东水利电力职业技术学院2018—2022年合作开发国际化专业教学标准数量最大且水利类专业在全校的占比最高，而其他院校在学校整体及水利类专业贡献度上均有待提升。

2. 2018—2022年合作开发国际化教学课程标准情况

因广东水利电力职业技术学院的数据不准确，故本节不分析此院校的情况，本节统计了17所水利类职业院校2018—2022年合作开发国际化教学课程标准数及水利类专业占全校比例情况，具体如图2.5.26所示。

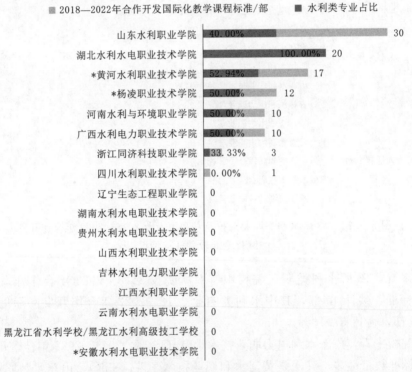

图2.5.26　17所水利类职业院校及水利类专业2018—2022年合作开发国际化教学课程标准情况

整体来看，17所水利类职业院校中有8所院校2018—2022年合作开发了国际化教学课程标准，共计103部，其中水利类专业2018—2022年合作开发国际化教学课程标准共58部，占比56.31％。

从各院校来看，山东水利职业学院（30部）、湖北水利水电职业技术学院（20部）2018—2022年合作开发国际化教学课程标准数量相对较多，均不低于20部；其次是黄河水利职业技术学院（17 部）、杨凌职业技术学院（12 部），均超过 10 部；而浙江同济科技职业学院（3 部）、四川水利职业技术学院（1 部）2018—2022 年合作开发国际化教学课程标准数量相对较少，均低于 5 部。此外，辽宁生态工程职业学院、湖南水利水电职业技术学院、贵州水利水电职业技术学院、山西水利职业技术学院、吉林水利电力职业学院、江西水利职业学院、云南水利水电职业学院、黑龙江省水利学校/黑龙江水利高级技工学校、安徽水利水电职业技术学院 2018—2022 年均无合作开发国际化教学课程标准。

从水利类专业来看，湖北水利水电职业技术学院（100.00％）2018—2022 年合作开发国际化教学课程标准数量占比最大，该校所有国际化教学课程标准均属于水利类专业所合作开发的；其次是黄河水利职业技术学院（52.94％）、杨凌职业技术学院（50.00％）、河南水利与环境职业学院（50.00％）、广西水利电力职业技术学院（50.00％），其占比均不低于 50％；而四川水利职业技术学院（0.00％）水利类专业没有合作开发国际化教学课程标准。

综上所述，山东水利职业学院 2018—2022 年合作开发国际化教学课程标准数量最多且水利类专业在全校占比达到四成，湖北水利水电职业技术学院 2018—2022 年合作开发国际化教学课程标准数量相对较多且水利类专业在全校的占比最高，黄河水利职业技术学院、杨凌职业技术学院、河南水利与环境职业学院、广西水利电力职业技术学院水利类专业在全校的占比较高但学校整体水平仍有一定的进步空间，而其他院校在学校整体及水利类专业贡献度上均有待提升。

2.5.3.7　国际化教学资源建设情况

本节统计了 18 所水利类职业院校 2018—2022 年合作开发国际化教学资源项数及水利类专业占全校比例情况，具体如图 2.5.27 所示。

整体来看，18 所水利类职业院校中 8 所院校 2018—2022 年合作开发了国际化教学资源，共计 815 项，其中水利类专业 2018—2022 年合作开发国际化教学资源共 613 项，占比 75.21％。

从各院校来看，黄河水利职业技术学院（700 项）2018—2022 年合作开发国际化教学资源项数最多；其次是河南水利与环境职业学院（28 项）、广西水利电力职业技术学院（23 项），均超过 20 项；而安徽水利水电职业技术学院（3 项）、贵州水利水电职业技术学院（1 项）2018—2022 年合作开发国际化教学资源项数相对较少，均低于 5 项。此外，辽宁生态工程职业学院、湖南水利水电职业技术学院、四川水利职业技术学院、山西水利职业技术学院、吉林水利电力职业学院、江西水利职业学院、云南水利水电职业学院、黑龙江省水利学校/黑龙江水利高级技工学校、山东水利职业学院、湖北水利水电职业技术学院 2018—2022 年均无合作开发国际化教学资源。

从水利类专业来看，广东水利电力职业技术学院（100.00％）2018—2022 年合作开发国际化教学资源数量占比最大，该校所有国际化教学资源均属于水利类专业所合作开发的；其次是黄河水利职业技术学院（80.00％）、河南水利与环境职业学

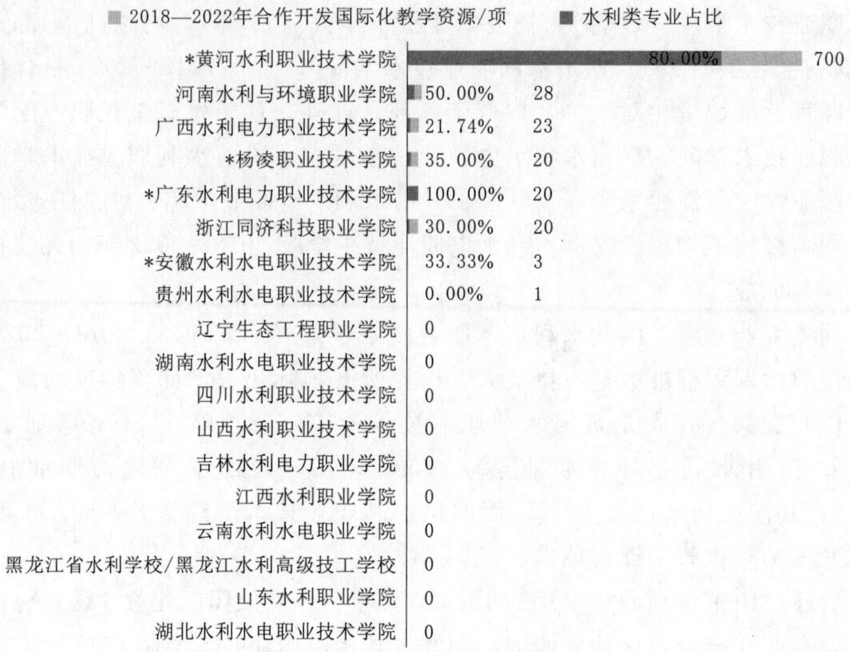

■ 2018—2022年合作开发国际化教学资源/项　　■ 水利类专业占比

院校	数值
*黄河水利职业技术学院	80.00% 　700
河南水利与环境职业学院	50.00%　28
广西水利电力职业技术学院	21.74%　23
*杨凌职业技术学院	35.00%　20
*广东水利电力职业技术学院	100.00%　20
浙江同济科技职业学院	30.00%　20
*安徽水利水电职业技术学院	33.33%　3
贵州水利水电职业技术学院	0.00%　1
辽宁生态工程职业学院	0
湖南水利水电职业技术学院	0
四川水利职业技术学院	0
山西水利职业技术学院	0
吉林水利电力职业学院	0
江西水利职业学院	0
云南水利水电职业学院	0
黑龙江省水利学校/黑龙江水利高级技工学校	0
山东水利职业学院	0
湖北水利水电职业技术学院	0

图 2.5.27　18 所水利类职业院校及水利类专业 2018—2022 年
合作开发国际化教学资源情况

（50.00％），其占比均不低于 50％；而贵州水利水电职业技术学院（0.00％）水利类专业没有合作开发国际化教学资源。

综上所述，黄河水利职业技术学院 2018—2022 年合作开发国际化教学资源项数较多且水利类专业在全校的占比相对较高，广东水利电力职业技术学院水利类专业在全校的占比最高但学校整体水平有待提升，而其他院校在学校整体及水利类专业贡献度上均有待提升。

总的来说，18 所水利类职业院校及水利类专业的国际合作与交流方面还一定的进步空间，可以通过加大实施"引进来，走出去"战略的力度，建立教师参与各类国际化建设项目的激励机制，鼓励教师将自身专业知识、课程教学与国际职教标准及行业规范对标；或者与企业合作开发具有中国特色、国际水平的专业教学标准，开发国际化专业课程，探索为"走出去"企业开展人员培训的新路径、新模式等方式，全面提升院校国际化层次与水平。

2.5.4　建设成果分析

为分析水利类职业院校在 2018—2022 年的建设成果情况，本节统计了 18 所水利类职业院校在科技成果奖、教学成果奖、教材奖、教师教学能力比赛奖、职业技能竞赛、"挑战杯"全国大学生竞赛、"互联网＋"大学生创新创业大赛 7 项比赛中的获奖情况，并按照奖项合计进行排序。

整体来看，杨凌职业技术学院、四川水利职业技术学院、黄河水利职业技术学院的奖项获取数量相对较多，均大于 600 项；其次是广东水利电力职业技术学院、安徽水利水电职业技术学院、山东水利职业学院、辽宁生态工程职业学院，奖项获取数量均大于 300 项；而吉林水利电力职业学院、山西水利职业技术学院、云南水利水电职业学院的奖项获取数量相对较少，均不超过 20 项。

总的来说，各水利类职业院校在成果建设上具有一定的差异。各水利类职业院校可参考自己学校与优势院校的获奖情况差异，同时结合学校发展的具体情况，在人才培养上可通过进行多元人才培养模式改革、新技术课程及课堂探索等方式，提高学生的德智体美劳教育；在创新平台建设上可通过创新发展科学的科研资源协调机制，结合地区特色，构建交流平台，专注服务高职领域和区域经济社会改革发展，努力打造区域职业教育改革发展的高端智库，创建优秀的科技创新团队，优化科研工作评价体系，鼓励教师参与科研项目，服务企业技术研发和产品升级，提高学校的建设成果水平，提升学校的整体竞争力。

就 7 类奖项覆盖率来说，有 18 所院校都在"教师教学能力比赛"和"职业技能竞赛"项目中获奖，奖项覆盖率为 100.00%；有 16 所院校在"教学成果奖"项目中获奖，奖项覆盖率为 88.89%；有 14 所院校在"'互联网＋'大学生创新创业大赛"项目中获奖，奖项覆盖率为 77.78%；有 12 所院校在"'挑战杯'全国大学生竞赛"项目中获奖，奖项覆盖率为 66.67%；有 8 所院校在"教材奖"项目中获奖，奖项覆盖率为 44.44%；有 6 所院校在"科技成果奖"项目中获奖，奖项覆盖率为 33.33%。总的来说，18 所水利类职业院校在"教师教学能力比赛"和"职业技能竞赛"项目上获奖情况较好，而在"科技成果奖"项目中的获奖情况有待进一步提升。

第3章 职业教育水利类专业
动态调整机制研究

3.1 专业动态调整必要性

专业是知识传递和生产的载体，专业关系的核心是知识关系，高职院校专业群的构建从最根本的维度看要基于对知识关系的分析。

历次科技革命通过科技成果的产业化、市场化，催生出新的行业、改造传统的产业、塑造产业格局，推动产业革命爆发。中国式现代化和经济高质量发展的重点在于经济结构战略性调整和产业结构转型升级，这必然会导致人才供需结构的改变。党的十八大以来，随着我国生态文明战略、创新驱动发展战略的实施以及产业结构的调整升级，产业向新兴化与高端化发展，导致现代水利人才需求和就业矛盾加剧，呈现"就业难"与"用工荒"并存的局面，其根本原因在于现有的人才培养模式难以适应快速变化的产业发展需求。因此，迫切需要提升服务现代水利产业升级的创新型、复合型、应用型高素质技术技能人才培养质量，推进相关产业转型升级和现代水利发展，为全面建设社会主义现代化提供强有力支撑。

紧密对接产业发展是职业教育的基本属性，而专业是职业教育的重要载体，专业建设质量直接影响高职院校人才培养水平和服务经济社会发展的能力。提升职业教育服务现代水利产业高质量发展的适应性，必然要求职业院校紧贴行业发展态势、产业转型升级和区域经济社会发展，依托"教育链、人才链、产业链、创新链"四链融合建设专业，紧跟产业变革重塑知识体系、专业能力、职业素养，在顺应高职教育产教融合、科教融汇中主动实现自我转型发展，使职业教育体系与经济社会发展之间形成更密切的互相支持与促进关系。

专业动态调整对接产业发展是高职教育产教融合的现实基础，也是职业教育领域供给侧改革的重要抓手。系统的专业动态调整机制和模式可以有效提升专业调整决策的科学性，促进专业结构持续优化和建设水平持续提升，推动教育链、人才链和产业链、创新链有机衔接，引领新时代高职教育高质量发展。因此，迫切需要基于职业教育专业外部结构调整和专业内涵提升两个层面开展相关专业动态调整研究，提高专业外适性、内适性和个适性，实现职业教育新旧动能转换，有效提升专业服务于现代水利产业快速发展和传统行业转型升级的效能。

据相关统计数据分析，2022年我国现代水利产业营业收入约2.22万亿元，比

10年前增长约372.3％，年均复合增长率达15.1％，基本形成了领域齐全、链条延伸、结构优化、分工精细的产业体系。但也存在产业升级快、知识更新快、技术变革快、工艺迭代快的产业发展态势，产业体系的构建、完善和提升需要现代水利类专业高素质技术技能人才支撑。本研究的实践和应用有助于形成系统的高职院校专业动态调整策略，可以为相关专业动态调整提供可行性方案，为行业高职院校专业动态调整提供参考和借鉴，不断提高专业建设的适应性和影响力，为现代水利产业输送更多高素质技术技能人才。

3.2 专业动态调整驱动机理

3.2.1 国外专业动态调整研究动态综述

通过文献查阅和梳理，发达国家（如美国、英国、德国、日本等）经过长期的发展对专业动态调整形成了比较成熟的研究成果，主要集中于专业调整动因、调整机制等方面。

3.2.1.1 美国专业调整研究现状

美国高校专业调整机制主要有以下四种：

（1）高校内部的调整机制。美国高校具有较高的办学和学术自治权，其学科专业调整权力一般由学者组织决定。

（2）政府的调整机制。美国联邦政府对高校没有直接管理和控制权，其主要通过间接方式对高校学科专业进行调控。

（3）认证机构的调整机制。美国高校的专业鉴定机构扮演着重要角色，其通过认证行为对学科专业调整发挥作用。

（4）市场调节机制。美国学生有充分的学科专业自主选择权，入学后可以自主调整专业。

美国目前形成了高校、政府、认证机构、学生等共同协调的专业调整机制。

3.2.1.2 英国专业调整研究现状

与西方其他发达国家相比，英国高校的专业设置和调整具有明显的特点。英国高校专业调整机制的特点有以下几个方面：

（1）英国的高校拥有较大的自主权，不同类型的高校具有不同程度的自主权。为削弱传统大学强大的自治权，从20世纪中叶开始，英国政府介入到高校的专业调整中，逐步解决高校中文理分割等问题。

（2）政府通过全国性的高等教育学科专业评估机构和政策导向，间接影响和调控高校学科专业结构调整。

（3）专业评估机构负责保证学科专业的质量，为英国高等教育提供综合的质量保障服务。

英国目前形成了"政府引导、高校主体、社会中介积极参与"的专业动态调整机制。

3.2.1.3　德国专业调整研究现状

德国职业教育有着悠久的历史，在专业设置及动态调整方面也积累了丰富的经验。1997 年，德国实施了职业教育改革计划，其专业设置和调整严格依据政府部门（德国联邦职业教育研究所）制定的培训条例的相关规定；其专业设置必须以应用型为主，课程设置强调理论与实践相结合。德国应用科技大学的专业设置和调整必须根据市场需求变化及企业的发展趋势不断进行补充和修订；其专业设置和调整都要经过一个规范而严格的程序，同时还要与企业行业一起研究确定培养方案，再根据评估机构的意见进行调整。德国"双元制"是一种以实用为本位的职业教育模式，教育同生产实际紧密结合，特别重视学生实践性环节的培养，使培养出来的学生符合社会的需要。

3.2.1.4　日本专业调整研究现状

日本高等教育的专业结构在不同历史阶段特点不同，主要呈现文理比例失调的问题。日本高校专业结构调整的特点有以下几个方面：

（1）与英美国家相比，日本高校在专业设置方面的自主权小得多。但是，不同类型的高校在专业设置方面的自主权和选择范围有所不同，私立大学和传统大学的自主权较大，而国立或公立大学的自主权较小。

（2）日本政府对高校的学科专业结构进行宏观调控，发挥主导作用。比如发布政府命令，调整文理科生的规模；通过政策导向，调整文理比例；颁布各项法令，保证各专业最低的质量标准。

（3）由"大学基准协会"负责保证和提高专业结构的质量，其主要通过对协会成员的资格鉴定来进行质量评估。日本形成了以政府部门发挥主导作用，以市场社会经济需求为出发点，以"大学设置审议会"来评估专业质量的专业调整机制。

综上所述，国外教育发达国家高校专业发展历程及专业调整机制不尽相同，各有各自的特色，共同点就是满足本国产业发展和社会经济需求，主要形成了政府主导调整、高校内部自主调整、社会中介服务的认证机构调整、学生自主选择为核心的市场调节等机制。政府、行业、学校分工明确、协同一致，成效良好，他们的成功经验对我国高职专业动态调整机制建设有一定的借鉴和启发作用。

3.2.2　国内专业动态调整研究动态综述

2000 年，教育部发布的《教育部关于加强高职高专教育人才培养工作的意见》（教高〔2000〕2 号）首次提出：按照技术领域和职业岗位（群）的实际要求设置和调整专业；2006 年，教育部发布的《教育部关于全面提高高等职业教育教学质量的若干意见》（教高〔2006〕16 号）指出：针对区域经济发展的要求，灵活调整和设置专业，是高等职业教育的一个重要特色。高等职业院校要及时跟踪市场需求的变化，主动适应区域、行业经济和社会发展的需要，根据学校的办学条件，有针对性地调整和设置专业；2010 年，教育部发布的《深化教育体制改革工作重点》，强调要"调整高等教育学科专业目录，改革专业设置管理办法，建立适应经济社会发展需要的专业设置动态调整机制"；此后，《国家中长期教育改革和发展规划纲要（2010—2020 年）》《国家教育事业发展"十三五"规划》等一系列重要的政府文件中均提到专业动态调整问题。2015 年，《教育部关于深化职业教育教学改革　全面提高人才培养质量的若干意见》提出，改善专业结构和布局，引导职业院校科学合理设置专业，建立专业设置动态调整机制。同年，教育部制定了《高等职业教育（专科）专业设置管理办法》，明确了职业院校专业设置主体及行动原则，要求"坚持以促进就业为导向，遵循职业教育规律和技术技能人才成长规律，主动适应经济社会发展需要，适应各地各行业对技术技能人才培养的需要，适应学生全面可持续发展的需要，引导高等学校科学合理设置专业"。2017 年，国务院颁布《国家教育事业发展"十三五"规划》，进一步强调职业院校拥有专业调整自主权。2018 年，习近平总书记在全国教育大会上的讲话中再次强调"调整优化高校区域布局、学科结构、专业设置，建立健全学科专业动态调整机制"。2019 年发布的《国家职业教育改革实施方案》明确指出：学校依据目录灵活自主设置专业，每年调整 1 次专业，对高职院校专业调整进行了宏观的纲领性指导。2020 年《职业教育提质培优行动计划（2020—2023 年）》明确要求，要建立产业人才数据平台，发布产业人才需求报告，促进职业教育和产业人才需求精准对接，研制职业教育产教对接谱系图，指导优化职业学校和专业布局。2021 年印发的《国民经济和社会发展第十四个五年规划和 2035 年远景目标纲要》提出，继续"落实和扩大学校办学自主权，完善学校内部治理结构，有序引导社会参与学校治理"。2021 年 3 月，教育部规定职业院校可在《职业教育专业目录（2021 年）》内自主设置专业，通过教育行政部门备案可开设目录外专业。结合国家相关政策和行业转型升级趋势，国内众多学者对专业动态调整开展了系统深入研究，涉及专业动态调整的逻辑框架、依据原则、机制建构和实践路径，但针对特色专业群建设特别是现代水利的专业动态调整研究成果较少。

3.2.3　现有研究不足及趋势分析

理论研究方面，国内高职院校及学者们对职业教育研究主要集中在教师团队建设、课程建设、人才培养模式等方面，对新兴领域分层级多维度培养高技能人才培养的研究较少。在分层级培养方面，理论研究多侧重于单一专业领域不同类别的人才培养机制的研究，尚未形成从分层分级方面构建服务产业升级的人才培养范式；在多维度调整方面，针对多学科交叉渗透形成的现代水利类专业，其外部专业结构优化和内部专业内涵提升的理论研究欠缺。因此，亟待结合《职业教育专业目录（2021 年）》中新增的智慧水利技术、水生态修复技术等专业，开展新兴产业领域人才培养理论研究。

实践探索方面，高职院校对新兴产业特别是现代水利人才培养实践案例较少，特别是缺乏从多维融合视角赋能多层级人才培养和动态调整培养机制的实践经验成果，需要通过系统理论研究和实践探索，确保专业课程体系适应产业升级和不同层次岗位需求，并适时动态调整其适应性。

绿色发展是推进生态文明建设、促进行业升级发展和服务产业结构调整的重要驱动，它加快了现代水利环境新兴交叉学科的形成，同时也需要与之相契合的职业教育变革。目前，现代水利产业面临人才需求急剧增加和新兴人才培养经验不足的双重压力，特别是水生态修复技术、水土保持技术、环境工程技术等复合型专业人才紧缺。通过政行企校共同协作，探究人才培养需求，界定层级衔接，明晰纵向贯通、横向融通的维度关系，构建人才培养方案，打造专兼结合的高素质双师型教师队伍，创新政行企校协作共同体协同工作运行机制，促进职业教育高质量发展，为实现 2035 年美丽中国目标提供人才支撑，贡献职业教育中国智慧。

3.3　专业动态调整驱动机制探析

3.3.1　专业动态调整内涵分析

　　"专业调整"指高等院校专业的新设、变更或取消。从产品生命周期理论（PLC）分析，产业结构调整决定了专业设置的周期性。联合国教科文组织（UNESCO）提出，进入 21 世纪后，知识更新周期已由 20 世纪八九十年代的 5 年缩短为 2～3 年，专业调整的必要性日趋凸显，随着企业技术进步的逐步加快，必须提升专业调整的频率。另外，从区域经济学角度讲，产业结构调整还决定了专业的区域性和特色性，重塑了高等院校专业建设格局和形态，专业调整的重要性不言而喻。相关研究者认为，专业动态调整是指学校在充分调研的基础上，根据外部产业结构调整及其他外部环境条件变化，进行主动的、有计划的、有前瞻性的、有配套举措的专业调整；并将专业动态调整具体分为三个层面的调整：一是宏观层面的专业结构调整和专业布局调整，二是中观层面的专业种类、专业方向和专业口径调整，三是微观层面的专业内涵和专业课程调整。

3.3.2　专业动态调整遵循的原则

3.3.2.1　前瞻性原则

　　专业动态调整要统筹新兴产业发展和传统产业升级，兼顾专业现实与长远发展之间的关系，对接新技术、新产业、新业态、新模式和新规范的发展需求，结合全面调研和系统分析，开展超前规划、创新规划，进行专业前瞻性动态调整。

3.3.2.2　逻辑性原则

　　专业动态调整必须以特色专业群组群逻辑为基础，按照专业群构建的"产业-专业-就业"行动逻辑，综合分析产业链、需求链和教育链的逻辑关联，找准专业在产业链中的定位，耦合知识发展、人才培养、社会需求逻辑，分析专业特色和专业优势，明确专业的人才培养定位逻辑。

3.3.2.3　主动性原则

　　高职院校应增强专业动态调整的积极能动性，根据学校内部环境和社会外部环境的需要，主动、持续、有针对性地开展专业调整行为，提升专业发展对产业结构调整和优化升级的动态变化适应性，实现专业内外关系的动态平衡，达到优化专业结构、强化专业内涵建设的目标。

3.3.2.4 协调性原则

专业动态调整应构建高校主导、政府引导、企业参与和第三方指导的协调机制，充分发挥高职院校的办学主体地位，给予院校自主设置和调整专业的自主权，发挥政府宏观调整和信息交流作用，促进企业积极参与人才培养，引入专业机构开展专业评估，实现专业动态调整从管理到治理的跨越。

3.3.2.5 客观性原则

专业动态调整依赖于本年度行业企业人才需求的调研结果、毕业生的就业率和就业对口率以及学校师资队伍建设以及教学条件的投入。动态调整除了外部的影响因素，学校内部专业建设的影响和学情的变化也很重要。

3.3.3 专业动态调整机制构建

专业建设动态调整机制是在综合分析内外部各种影响因素的基础上，围绕专业设置、专业建设和专业退出而构建的专业建设动态调整的运作方式。具体包括专业建设动态调整调研机制、咨询指导机制、论证评价机制、预警机制、决策机制、监督和保障机制等。

3.3.3.1 专业调整调研机制

（1）服务区域经济发展。职业教育作为与区域经济联系最为紧密的教育类型，服务区域经济发展是其天然使命。职业院校进行专业建设的基本前提是对接产业发展需求，培养满足地区产业发展的高技能人才。首先，职业院校作为职业教育的办学主体，专业建设应紧跟区域经济发展特色。以河南省为例，高职专业建设要结合河南省作为中原经济区和农业大省的战略地位，立足河南省六大战略支柱产业、十大战略新兴产业、五大未来产业调整专业结构，满足产业结构优化升级发展需求。其次，要明确职业教育集团办学定位，服务国家黄河流域生态保护和高质量发展重大战略、中部崛起战略、乡村振兴战略和现代化河南建设。要整合职业教育集团各类资源，统筹成员学校的专业布局和培养结构，充分发挥优质资源的引领、示范和辐射作用，实现以强带弱、优势互补，助力区域支柱产业和特色产业高质量发展。

（2）服务绿色生态产业升级。水利类专业应以服务生态文明建设的战略部署和"长江经济带发展""黄河流域生态保护和高质量发展"等国家重大战略为目标，以行业和区域经济发展、产业转型升级需求为导向，基于院校特色发展布局，立足专业与行业和区域产业链、职业岗位群对接与融合，根据职业岗位群全新专业建设理念，构建面向产业链的专业体系，形成特色领域专业调整调研机制（图3.3.1）。

3.3.3.2 专业调整咨询指导机制

成立包括行业企业专家在内的专业建设委员会，根据需要定期或不定期召开专业建设咨询研讨会，研讨专业在区域经济建设中的新发展、新要求，适时提出专业调整和发展规划的建议。积极发挥专业建设委员会的智库作用，邀请专家从产业需求、专

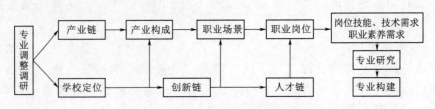

图 3.3.1　专业调整调研机制模型

业目标定位、培养模式改革、课程体系建设、教学团队建设、实践教学条件建设、社会服务、特色创新等方面对专业调整方案进行分析，为完善专业调整方案提供咨询指导。

3.3.3.3　专业调整论证评价机制

定期评估机制是政府管束职业院校专业设置的一项常态化制度，由教育行政部门组织，邀请部分职业教育专家参与。评估指标多聚焦于专业建设条件、规范管理、专业改革、质量效益等方面。论证评价环节是专业调整工作的核心环节。高职院校专业动态调整遵循三重逻辑的耦合，即将技术发展、外部社会需求、专业发展规律三者统一于专业系统之中，三者相互作用、相互依存，共同促进专业的动态调整。

3.3.3.4　专业调整预警机制

专业建设坚持绩效产出优先原则，引入竞争发展和预警机制。学校每年组织召开专业建设委员会，对现有专业建设相关数据进行分析，公布各专业年度竞争力排名，并按一定比例进行专业动态调整的"红黄牌"预警。假设某学校专业调整预警比例为招生专业总数的 10％，若学校现有招生专业 40 个，则对评估综合得分排名后 4 位的专业予以"黄牌"预警，减少招生计划，责令整改；对连续 2 年评估综合得分排名后 4 位的专业予以"红牌"预警，停止招生，或责令转型升级，或直接淘汰撤销。

3.3.3.5　专业调整决策机制

专业调整是学校建设和发展的基础性工作，难度大、敏感度高，需要全校上下高度重视。加强党的领导是做好专业调整工作的根本保证。校党委书记、校长及分管教学的副校长要经常研究专业建设工作。在党委领导下，校长办公会作为专业调整的最高决策机构，负责对学校专业建设委员会提交的专业调整方案论证评价意见进行专项研究，就专业布点数量精简、专业结构优化、专业布局调整、专业群构建等主要事项，做出符合学校自身发展定位的科学决策。

3.3.3.6　专业调整监督与保障机制

专业结构调整是学校的一件大事，必须保证相关工作公开、公平、公正。首先要有规范监督。专业调整方案经学校专业建设委员会论证评估后，归口管理职能部门整理形成书面意见，向学校主要领导汇报，然后在指定网站进行公示，接受校内师生的监督，公示结束无疑义后再提交校长办公会决策。其次要有保障。专业调整的目的是实现专业、专业群乃至学校的可持续发展,需要有配套的政策、师资、资金等资源支持。高职院校要基于教育主管部门的指导意见,制订专业调整管理文件,建立校企双向流动的用人制度,吸引行业企业专家和校内教师的广泛参与,开发丰富的专业资源,筹措足额的专项建设资金,以确保所调整专业的后续建设有效运行。

第4章 职业教育专业内涵优化
提升范式构建

4.1 服务新质生产力发展的专业精准定位分析

新质生产力是指由技术革命性突破、生产要素创新性配置、产业深度转型升级而催生的当代先进生产力。它以劳动者、劳动资料、劳动对象及其优化组合的质变为基本内涵，以全要素生产率提升为核心标志。相比于传统生产力，新质生产力具有更高的技术水平、更好的质量、更高的效率和更强的可持续性。习近平总书记强调，发展新质生产力是推动高质量发展的内在要求和重要着力点，必须继续做好创新这篇大文章，推动新质生产力加快发展。在实现高质量发展的宏大时代场景中，面对教育强国建设的重要历史使命，作为与经济社会发展具有高度同构性的职业教育，应全面认识、深刻把握新质生产力的丰富内涵与实践要求，切实厘清职业教育与新质生产力之间的关系，主动适应新质生产力发展变化，积极推动职业教育改革创新，更加强化类型教育特色，全面增强人才培养的社会适应性。聚力推进职业教育高质量发展、适应新质生产力发展新要求，需要重点把握六个关键环节。

4.1.1 提升职业教育高质量发展以满足新质生产力发展需要的新认知

提升职业教育的创新与发展以满足新质生产力发展需要的新认知，是当前教育领域和社会经济发展的重要议题。随着科技的飞速发展和产业结构的不断升级，新质生产力对人才的需求日益迫切，这对职业教育提出了新的挑战和机遇。为了满足新质生产力的发展需要，职业教育需要进行以下方面的创新实践。

一是多元更新创新方法。紧密对接产业发展趋势，更新教学内容，引入新技术、新工艺、新业态，确保所教授的知识与技能符合行业最新需求。采用多元化的教学方法和手段，如案例教学、项目教学、在线学习等，激发学生的学习兴趣和创新精神，培养其实践能力和解决问题的能力。

二是优化配置深度融合。加强与企业的深度融合，共同制定人才培养方案，实现教育资源与产业资源的优化配置。推进产教融合与校企联合的新模式，建设新型实习实训基地，为学生提供虚拟与现实相融合的现代职业环境，促进其职业技能和职业素养的综合提升。

三是构建质量效益新体系。构建与现代职业教育体系相适应的教学标准和评价体系，确保职业教育的质量和效益。推动中高职衔接、职业教育与普通教育相互沟通，为学生提供多样化的升学和就业途径。

四是加强双师型队伍建设。加强教师的培训和学习，提升教师的专业素养和教学能力，打造一支适应新质生产力发展需要的双师型教师队伍。引进具有丰富实践经验和创新能力的行业专家和企业家担任兼职教师，为学生提供更为贴近实际的教学指导。

五是建立综合服务新体系。培养学生的创新创业精神和实践能力，鼓励其参与适应新质生产力发展的创新项目、创业计划等，促进产学研用深度融合。建立创新创业平台和服务体系，为学生提供创业指导、资金支持、市场推广等全方位的服务。

六是提升国际竞争力。拓展职业教育的国际视野，学习借鉴国际先进的教育理念和教学模式，提升职业教育的国际竞争力。加强与国际职业教育机构的合作与交流，共同推进职业教育的国际化发展，更好地满足新质生产力发展的需要，为经济社会发展提供有力的人才支撑和智力保障。同时，这也有助于提升职业教育的社会地位和影响力，推动职业教育的持续健康发展。

4.1.2 认清职业教育高质量发展以满足新质生产力发展的新需求

随着科技的不断进步和产业结构的不断升级，新质生产力对人才的需求也在不断变化。职业教育作为培养技术技能人才的主要阵地，必须紧跟时代步伐，不断创新和发展，以满足新质生产力发展的新需求。

一是紧盯前沿办适应新质生产力发展的职业教育。职业教育需要关注新兴产业的发展趋势，及时调整专业设置和教学内容，确保所培养的人才能够适应新质生产力发展的要求。这包括加强与新兴产业的对接和与新型链条的衔接，了解新技术、新工艺、新业态的发展趋势，将最新的科技成果和产业需求融入教学中，提升学生的实践能力和创新意识。

二是推进教育链和产业链深度融合。职业教育需要加强与企业的深度合作，实现产教融合，共同培养符合企业需求的高素质技术技能人才。通过高质量的校企合作，可以共同开发课程、共建实训基地、共享教学资源，实现教育与产业的深度融合，提高学生的就业竞争力和适应能力。

三是促进私人订制全面发展。职业教育还需要关注学生的全面发展和个性需求，提供多样化的教育模式和途径。这包括开设选修课、拓展课程、实践课程等，以满足学生不同的兴趣和需求，培养学生的综合素质和创新能力。

四是政策支持强保障。政府和社会各界也需要给予职业教育更多的关注和支持。通过出台相关政策、加大资金投入、优化发展环境等措施，为职业教育的创新与发展提供有力保障，推动职业教育更好地服务于新质生产力的发展。

职业教育高质量发展应满足新质生产力发展的新需求是职业教育发展的关键所在。只有不断适应时代变化，加强创新与发展，才能培养出更多符合新质生产力发展需要的高素质技术技能人才，为经济社会发展提供有力支撑。

4.1.3 做好职业教育高质量发展以满足新质生产力发展需求的新部署

为了做好职业教育的高质量发展，应做好满足新质生产力发展需求的新部署。

一是明确目标新定位。首先，需要明确职业教育在新质生产力发展中的角色和定位，确保职业教育与产业发展紧密相连，满足行业对人才的需求。

二是规划优先促发展。制定长期和短期的战略规划，明确职业教育创新与发展的方向和目标，确保各项工作有序进行。

三是需求导向强技能。根据新质生产力发展的需求，调整和优化职业教育的课程设置和教学内容，确保学生掌握前沿技术和关键技能。推动教学方法的改革，采用项目式学习、案例分析、实践操作等多样化的教学方式，提高学生的实践能力和问题解决能力。

四是强化培训提素养。加强师资队伍建设，加大对教师的培训力度，提升教师的专业素养和教学能力，使其能够适应新质生产力发展的需求。引进具有丰富实践经验和创新能力的行业专家和企业家担任兼职教师，为学生提供更为贴近实际的教学指导。

五是人才培养大提升。深化校企合作与产教融合。加强与企业的合作，共同制定人才培养方案，实现教育资源与产业资源的优化配置。推进产教融合，建设实习实训基地，为学生提供真实的职业环境，促进其职业技能和职业素养的提升。

六是科学评价建机制。构建与现代职业教育体系相适应的教学标准和评价体系，确保职业教育的质量和效益。加强质量监控和评估，及时发现和解决教学中存在的问题，不断提升职业教育的整体水平。

七是创新创业新实践。推动创新创业教育，培养学生的创新创业精神和实践能力，鼓励其参与创新项目、创业计划等，促进产学研用深度融合。建立创新创业平台和服务体系，为学生提供创业指导、资金支持、市场推广等全方位的服务。

八是国际合作新拓展。拓展职业教育的国际视野，学习借鉴国际先进的教育理念和教学模式，提升职业教育的国际竞争力。加强与国际职业教育机构的合作与交流，共同推进职业教育的国际化发展。

4.1.4 推进职业教育高质量发展以满足新质生产力发展需要的新实践

推进职业教育高质量发展以满足新质生产力发展的新需求，需要一系列具体的创新实践。

一是构建课程新结构。设计模块化、可组合的课程，以便根据技术变革和行业趋势迅速调整课程内容。引入"微课程"和"慕课"等在线学习资源，为学生提供个性化的学习路径。

二是强化合作新拓展。与新质生产力行业建立紧密的合作关系，共同开发课程和实训项目。实施"工学交替"或"订单式"培养模式，确保学生能在真实的工作环境中学习和实践。

三是虚拟现实新课堂。采用反转课堂、混合式教学等现代教学方法，提高学生的参与度和学习效果。利用虚拟现实（VR）、增强现实（AR）等技术，模拟真实工作场景，提供沉浸式学习体验。

四是创新创业孵化器。设立创新创业中心或孵化器，为学生提供创业指导、资金支持等。与企业、行业协会等合作举办创新创业竞赛，激发学生的创新思维和创业热情。

五是双向交流同分享。定期邀请行业专家、企业家来校举办讲座或工作坊，分享行业最新动态和技术趋势。实施"导师制"或"学徒制"，让学生有机会跟随行业专家进行实践学习。

六是国际合作新跨越。与国际知名职业教育机构建立合作关系，共同开发国际课程和标准。为学生提供国际交流的机会，如实习、研学等，拓宽其国际视野和跨文化沟通能力。

七是多元提升新路径。建立职业教育与普通教育的衔接机制，为学生提供多元化的升学和职业发展路径。开设职业技能提升课程，帮助在职人员不断更新知识和技能，适应职业发展需求。

八是监控评估新保障。制定科学、全面的教育质量评估指标，定期对职业教育的教学质量进行评估和监控。引入第三方评估机构或行业专家参与评估，确保评估结果的客观性和公正性。通过这些新实践的推进，可以有效促进职业教育的创新与发展，使其更好地满足新质生产力发展的需求，为经济社会发展提供有力的人才支撑和智力保障。

4.1.5　实现职业教育高质量发展以满足新质生产力发展需要的新突破

要实现职业教育高质量发展以满足新质生产力发展需要的新突破，需要采取一系列具有前瞻性和创新性的措施。

一是创新技术新模式。利用大数据、人工智能等先进技术，构建智能化的教育平台和学习管理系统，实现个性化学习路径的推荐和资源推送。推广在线教育和混合学习模式，打破传统的时间和空间限制，为学生提供更为灵活和便捷的学习机会。

二是链条衔接新深度。与新质生产力行业领军企业建立深度合作关系，共同研发新技术、新产品，并将这些成果及时转化为教学内容和实训项目。建立产业学院或实训基地，将职业教育与产业发展紧密结合，实现教育链、人才链与产业链的有机衔接。

三是创意转化新思维。将创新创业教育贯穿于职业教育的全过程，培养学生的创新思维、创业意识和创业能力。建立创业孵化平台，提供创业指导、资金支持和市场推广等全方位服务，鼓励学生将创意转化为实际产品或服务。

四是标准融合新提升。加强与国际知名职业教育机构的合作与交流，引进国际先进的教育理念、教学方法和教学资源。推动职业教育国际化标准的制定和实施，提升我国职业教育的国际竞争力和影响力。

五是职继融合终身学。建立职业教育与普通教育的立交桥，实现职业教育与普通教育的相互衔接和融通。开设继续教育课程，为在职人员提供职业技能更新和知识拓展的机会，满足其终身学习的需求。

六是政策支持新保障。制定和完善职业教育相关的政策和法规，为职业教育的创新与发展提供有力的制度保障。增加对职业教育的投入和支持力度，提高职业教育的社会地位和吸引力。

通过以上新突破点的实现，可以推动职业教育的创新与发展取得显著成果，更好地满足新质生产力发展的需求，为经济社会发展提供强有力的人才支撑和智力保障。

4.1.6　转化职业教育高质量发展以满足新质生产力发展需要的新成果

转化职业教育高质量发展以满足新质生产力发展需要的新成果是一个系统性的过程，涉及多个方面的协同合作。

一是创新成果新定位。清晰界定职业教育高质量发展所取得的新成果，包括教学模式、技术应用、校企合作、人才培养质量等方面的创新点。分析新成果的特点和优势，明确其对新质生产力发展的促进作用。

二是把握转化新路径。根据新成果的特点和市场需求，制定具体的转化策略，明确转化的目标、步骤和时间表。确定转化的关键节点和障碍，制定相应的解决方案和应对措施。

三是产学研中新提升。深化与产业界的合作，将新成果应用于实际生产和服务中，实现产学研用的紧密结合。通过校企合作项目、实训基地等方式，将新成果转化为实际的产品或服务，推动产业升级和经济发展。

四是扩大宣传营氛围。通过举办成果展示会、研讨会等活动，向社会各界展示新成果的应用效果和价值。加强与新闻媒体的合作，宣传新成果的影响和意义，提高职业教育的社会认可度和影响力。

五是优化评估新机制。对新成果的转化过程和应用效果进行定期评估，及时发现问题和不足。根据评估结果，及时调整转化策略和方法，优化转化路径，确保新成果的有效转化和持续发展。

六是持续跟进新发展。政府应出台相关政策，支持职业教育创新成果的转化和应用。提供资金、税收等方面的优惠措施，鼓励企业和机构积极参与职业教育创新成果的转化工作。

通过以上步骤和方法的实施，可以有效转化职业教育创新与发展所取得的新成果，将其转化为实际的生产力，推动新质生产力的发展，为经济社会发展注入新的动力。

当前，我国正处于实现中华民族伟大复兴中国梦的关键时期，改革进入攻坚期和深水区，水利事业面临新的挑战。面对新时代的历史使命，必须高度重视高素质水利人才培养问题。经过多年的发展，我国水利行业已经形成了一支规模宏大、结构合理、素质优良的人才队伍，为我国水利事业发展提供了有力的人才支撑。水利类专业的培养目标是为我国水利行业培养既懂工程技术又懂管理，同时具有一定外语能力和国际视野的专业人才。在新时代背景下，要切实厘清职业教育与新质生产力之间的关系，厘清水利专业人才培养与新质生产力之间的关系，使专业定位适应新质生产力发展变化，全面增强人才培养的社会适应性。水利类专业应当根据水利行业发展需求，结合本专业特点和优势，明确培养目标，精准定位，及时调整专业方向和课程设置，满足经济社会发展对人才培养提出的新要求。

4.2 专业多维动态调整逻辑分析

4.2.1 专业动态调整机制构建

以构建服务现代产业升级高职专业"分层递进、多维融合、动态调整"人才培养范式为目标,通过探索构建同质性教学质量评价为标准,综合课程培养标准、资源建设标准、教学质量评价标准,基于长系列、多维度评价调查,利用数据清洗、数据聚合、数据挖掘等方法,形成可操作、可量化、可互认、可互通的教学质量评价体系,促进创新团队教学质量提升,支撑专业动态调整机制完善和发展,形成核心路径如图 4.2.1 所示。

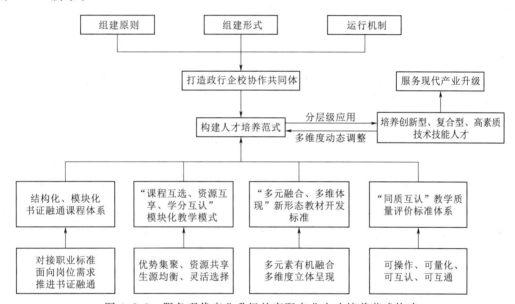

图 4.2.1 服务现代产业升级的高职专业人才培养范式构建

4.2.2 专业多维动态调整内容

通过文献查阅和总结梳理,本书认为高职院校专业动态调整的内容主要包括以下几方面:①专业动态调整的主体依靠政府、高校、行业的三方联动;②专业动态调整的遵循是行业技术发展、外部社会需求、专业发展规律协调统一的三重逻辑;③专业动态调整的内容涵盖专业结构调整和专业内涵提升两个层面;④专业动态调整的目标在于提升专业建设的外适性、内适性、个适性,专业调整只有同党和国家事业发展要求相适应、同人民群众期待相契合、同我国综合国力和国际地位相匹配,才能提升办学能级。通过专业动态调整机制运行和优化专业结构,推进人才培养供给侧和人才需求侧结构性改革,重新定义专业定位、人才培养规格、专业标准、校企合作形式、课程内容和考核标准、教学创新团队建设标准和要求、质量考核评价标准和方式等内容,才能使高职院校及时响应社会需求，培养高端产业所需的技术技能人才。

4.2.3　构建高校学科专业调整新格局

学科专业是高等教育体系的核心，是人才培养的基础平台。教育部等五部门 2023 年印发《普通高等教育学科专业设置调整优化改革方案》，对普通高等教育学科专业设置调整做了进一步的方向性规定，强调以新工科、新医科、新农科、新文科建设为引领，强化教育系统与行业部门的协同联动，建好建强国家战略和区域发展急需的学科专业。

高校的学科专业调整是高等教育改革的基本问题，是完整准确全面贯彻新发展理念，建设高质量高等教育体系的基本保障。学科专业深刻嵌入产业链、创新链、人才链及全球价值链，同时还受制于高校已有学科布局及相应办学传统，这使得高校学科专业调整问题极为复杂，需要由政府、市场和高校共同构建灵活的联动机制，以适应快速变化的社会需求。

4.2.3.1　统筹高校学科专业设置的分级分类机制

过去，我国高校学科专业设置由中央政府主导，与计划经济体制的需求相匹配，高校乃至地方政府在学科专业设置中的自主权与自由度有限。直至 2001 年，教育部出台《关于做好普通高等学校本科专业调整的若干原则性意见》，首次将学科专业设置和调整纳入高校办学自主权，清华大学、北京大学、武汉大学等七所高校才获得了设置本科专业的权力。

此后，政府对学科专业设置的引导，主要体现在学科专业目录的制定上。政府通过角色转变，进一步将学科专业的设置权下放到高校。但是，本科和研究生层次的学科专业目录却存在多方面差异。在名称上，研究生层次称为"研究生教育学科专业目录"，而本（专）科层次通常称为"专业目录"，包含本科专业目录和高等职业教育（专科）专业目录，没有"学科"二字，这就导致专业建设的学科属性一定程度上容易被忽视。

在内容上，本（专）科层次的专业包含基本专业、特设专业和国家控制布点专业，以国家社会的人才需求为办学导向。其中，特设专业是为满足经济社会发展特殊需求所设置，而控制布点专业则包含涉及国家安全及特殊行业的专业，学生数量有严格限制。研究生层次的学科专业目录按照自上而下的层次，可分为学科门类、一级学科、二级学科，不同学科门类授予相应学位。一级学科、二级学科可与本科专业对应，更强调学科逻辑，但交叉学科、军事学这两个学科门类还没有对应的本科专业。

在设置办法上，本科层次的调整为一年一次，由高校自主调整，或高校审核并报教育部批准、备案；研究生教育的专业设置必须依托相应学位点，学位点的调整通常是三年一次，高校需以一级学科为单位获批硕士或博士学位点，才能在此范围内新增专业。

这些差异导致高校往往将专业建设理解为本科层次，将学科建设理解为研究生层次，虽有层次化差异，但彼此之间并不衔接，缺乏结构规模上的统一性。同时，不同类型学科专业的调整优化缺乏质量标准的针对性。可以说，分级分类的学科专业调整机制尚待完善。

高校学科专业调整的最终依据是国家经济社会发展出现的新格局新变化。目前，教育部已经通过缩短学科专业目录修订周期、完善学科专业国家标准等措施，在保障人才培养质量的前提下引导高校增强学科专业设置与经济社会发展的适应性。在此基础上，不同层次、办学类型的高校也应有所侧重，差异化发展。

4.2.3.2 完善高校面向社会自主办学体制

高校是学科专业调整的实施方。随着国家进一步下放高校学科专业设置自主权，高校自主空间越来越大，但"一放就乱"的现象还不同程度存在。学科专业的设置与调整，既包含新增、撤销，也包含转型优化。为满足国家和社会需求，高校有较大的动力新增国家及产业急需的学科专业，但普遍存在贪大求全、低水平重复建设等问题。新增的学科专业通常基于原有优势学科专业，有一定合理性，可借用原有优势学科专业的师资和软硬件条件，也符合原有优势学科专业做大做强的诉求。但在高校内部决策过程中，优势学科专业往往拥有更大话语权，使得新增学科专业带有一定的盲目性和随意性，也造成重复建设等问题。

在裁撤和转型优化上，最大障碍来自被裁撤的学科专业教师队伍。学科专业一旦被裁撤，教师队伍就会面临工作量不足甚至被迫分流转岗等现实困难。决策者出于稳定或各种现实因素考虑，会允许一些不适应社会经济发展的学科专业继续存在，只能通过逐步减少招聘岗位、等待教师退休或流动等柔性方式来消化、裁撤、转型，极大阻碍了学科专业的调整时间。如此一来，就会出现新的学科专业不断上马，积压的老旧专业越来越多，学科专业调整的动态平衡迟迟未果等问题。

高校学科专业设置有自身独立性，既要遵循育人规律和办学传统，也要符合知识发展的逻辑。但与此同时，社会发展对学科专业的紧迫要求也在不断更新变化，高校不能一味满足当下现实需求，更应该以超前布局、宽口径等人才培养的结构性调整来应对社会整体需求。此外，我国高校治理结构延循二级学院办学科专业的模式，二级学院通常依托具体的学科门类或一级学科而设置，区别于多数西方国家按照课程设置专业的模式。二级学院在建设学科专业时，基本聚焦于原有的单一学科，对设置交叉学科的动力不足，进而带来人才培养跨学科、跨领域能力不足的问题，难以适应新技术、新产业、新业态发展。

4.2.3.3 兼顾市场机制调节高校学科专业

高等教育具有公共产品属性，尤其是我国公立高等教育建立在公共财政制度和支持服务体系的基础之上，并不完全依赖市场机制。但市场机制对高校学科专业调整的影响不容忽视，就业率、薪酬、用人单位满意度、学科排名等指标直接影响高校的办学方向。

需要强调的是，市场机制具有滞后性，当供需关系出现较大变化时，市场才会释放出信号，迫使高校进行动态调整。加之人才培养具有周期性，高校人才培养的质量结构始终滞后于市场需求。因而，仅靠市场机制调节，解决不了人才培养的适应性问题。无论是高校还是教育行政部门，都不能完全将学科专业的设置调整交由市场。

对此，要准确认识市场调节机制补充作用的定位。教育系统应与产业部门有更为深度的联动，及时科学地进行人才需求预测、专业预警，优化学科专业的布局结构。同时，要深化学科专业设置的分级分类机制，充分发挥市场机制的调节作用。高水平研究型大学应面向国家重大需求、面向世界科技前沿，超前布局，提升人才培养的自主性，增强全球竞争力；而民办高校、应用型大学等以市场为主导的办学类型，应在宏观调控的框架内顺应市场变化，结合自身办学传统，主动对接市场需求。

4.3 专业动态调整多元主体构建

4.3.1 职业教育多元办学要求

《关于深化现代职业教育体系建设改革的意见》强调职业教育办学主体由"单一"转向"多元"，更加注重社会力量参与。深化职业教育体系建设改革的核心目标是完成由政府举办为主向政府统筹管理、社会多元参与办学格局的转变。

多元办学是职业教育区别于普通教育的重要特征。政府要在保证职业教育基本公益属性的前提下，加快由"办"职业教育向"管"职业教育转变，推动形成多元、开放、融合的办学格局。

2022 年修订的《职业教育法》明确办学主体多元，教育部门、行业主管部门、工会和中华职业教育社等群团组织、企业、事业单位等可以广泛、平等参与职业教育。办学形式多样，既可以独立举办，也可以联合举办；既可以举办职业学校、职业培训机构，也可以举办实习实训基地等。新《职业教育法》多措并举推进企业办学，落实企业在职业教育中的主体地位。一是突出鲜明导向，规定发挥企业重要办学主体作用，推动企业深度参与职业教育，鼓励企业举办高质量职业教育。二是丰富举办方式，规定企业可以利用资本、技术、知识、设施设备等要素举办职业学校、职业培训机构，企业职工教育经费可以用于举办职业教育机构。三是强化办学责任，规定企业应当依法履行实施职业教育的义务，开展职业教育的情况应当纳入企业社会责任报告。四是完善支持政策，规定对企业举办的非营利性职业学校和职业培训机构可以采取政府补贴、基金奖励、捐资激励等扶持措施，参照同级同类公办学校生均经费等给予适当补助。

职业教育的职业性、社会性、开放性等特征，决定了职业教育办学不能闭门造车，必须联合各方资源多主体育人。回顾我国的职业教育发展历程，从最初的学校单枪匹马、单打独斗，到后来的开门办学、校企合作、工学交替，办学理念不断创新突破，为我国职业教育人才培养质量的稳步提升作出了巨大贡献。

4.3.2 多元主体建设模式
4.3.2.1 市域产教联合体

2022 年 12 月，中共中央办公厅、国务院办公厅联合印发《关于深化现代职业教育体系建设改革的意见》，明确提出要打造"市域产教联合体"。2023年4月，教育部发布《关于开展市域产教联合体建设的通知》；2023年9月，教育部办公厅发布《关于公布第一批市域产教联合体名单的通知》。在政府政策导向下，涌现出了一大批市域产教联合体，市域产教联合体建设由此落地生根。市域产教联合体是职业教育产教在更高层次、更大范围上的融合和贯通。市域产教联合体建设对推动职业教育与区域经济社会互嵌互融、共生协调发展，提高职业教育人才培养的深度、参与主体的广度以及服务区域发展的力度具有重大意义。市域产教联合体是推进教育链、人才链与产业链、创新链紧密结合的重要载体，综合实力较强的职业院校面向区域发展建设市域产教联合体已成为深化职业教育产教融合的新路向、新模式和新机制。

建好市域产教联合体着力点在于协同育人、体制机制、治理体系、供需对接、利益共享等方面的精准施策，加强制度设计和政策保障。在市域产教联合体建设过程中，组织创新以提升联合体的整体效能尤为重要，因此从组织协同创新视角构筑市域产教联合体良好生态，打造叠加增益的产教联合体，推动联合体更加具有聚合力，实现联合体实质共建、协同共治、价值共享。

1. 实质共建：创新市域产教联合体多元协同育人，精准培育区域发展新力量

联合体是政府、园区、企业、院校、行业组织、科研机构等共同参与系统，其旨在将产教融合推向新的发展格局，实现产教融合质的飞跃，通过推动市域产教联合体实现职业教育体系变革与人才培养结构持续优化，实现职业院校自身办学的可持续发展。

一是联合体以共建为突破口，以灵活多样的集体行动深度探索市域产教联合体育人路径。各联合体协同开展产与教"双轮"驱动的协同育人体系，都是对当前市域产教联合体实施路径的积极探索。比如，多元主体共构人才培养方案、共商人才培养规格与标准，实现人才培养目标与产业人才需求对接的知识和技能图谱；满足产业发展，动态调整专业结构；共建产教融合的核心课程、优化教学组织模式，将理论学习、技能训练、行业实践融为一体，提升学生的学习能力、实践能力和创新创业能力，增强人才培养的社会适应性，全面提高区域技术技能型人才培养能力和水平。

二是联合体突破人才培养框架，改善职业教育育人环境，搭建符合区域发展的人才培养平台，探索多样化、跨界融合的人才培养模式。如开展委托培养、订单培养、中国特色现代学徒制培养、现场工程师专项培养等方式推进校企协同育人，形成良性互动，精准培育区域发展新力量。

2. 协同共治：强化市域产教联合体各主体作用，构建多主体协同治理新结构

在市域产教联合体建设过程中，政府、产业园区、职业院校、行业企业、社会组织共创协同治理新理念、新模式和新机制，推动市域产教联合体建设可持续发展。不断完善市域产教联合体治理机制，探索有效的运行与管理机制，构建多元化的治理团队，服务市域产教联合体高质量发展。

一是从宏观层面对产教联合体的治理进行顶层制度设计。确定产教联合各主体权

责利以及委托-代理关系，完善"金融＋财政＋土地＋信用"组合式产教融合激励政策，对产教联合体建设的具体成效和实质贡献，给予相关经费和政策支持，通过政策供给不断增强产教联合体发展的动力与活力。

二是从中观层面优化市域产教联合体的内部治理结构。形成政府引领、市场有效运行、各主体协同治理相结合的建设新模式。制定产教联合体章程，构建联合体管理体系，成立产教联合理事会，建立联席会议工作机制，构建联合体的制度，以制度的形式规定工作流程、人才培养方式、分配规则、评价标准、监管体系、激励约束等，确保市域产教联合体各项工作的有效运行。

三是从微观层面提高市域产教联合体的治理能力。市域产教联合体建设要立足总体目标和使命任务进行前瞻性、系统性、整体性谋划，明晰应当"谋什么、建什么"，以规划有道、治理有力、实施有效的路径持续深入推进市域产教联合体建设。多元主体锚定区域战略需求和经济社会发展需要，制定市域产教联合体重点任务，列出任务清单，制定行动计划，细化落实各项工作。核心任务将围绕高素质技术技能型人才培养、创新创业教育、技术创新与成果转化、新工艺开发、协同创新平台、产业高质量发展等，实现顶层设计与实践探索的有机结合。

3. 利益共享：满足市域产教联合体各主体利益诉求，共同凝聚共享发展新共识

市域产教联合体能够得到理想的实施并产生实际效果，离不开一个广泛参与、利益共享的运行环境。市域产教联合体作为实现资源优势互补的产教融合制度设计，不可避免地出现多元主体因各自利益而彼此博弈的样态，比如投资风险、投入成本、产权交易等，因而在市域产教联合体的建设过程中，应秉持利益共同体的理念，将多元主体的利益诉求聚合，形成叠加利益共同体。具体来说，产业园区在参与过程中能吸引优势企业与资本以及优质人力资源的注入；行业在参与过程中能够实现技能、技艺的传承创新；企业在参与过程中能获得急需的人力资本、先进技术、技术研发收益和成果以及企业员工培训等；职业院校在参与过程中能够形成企业对劳动力需求反哺的人才培养体系，实现人才供给侧与需求侧的精准对接，提升人才培养质量，增强社会适应性；学生在参与过程中能够获得岗位核心能力的提高、技能资本的增值、更好的就业前景和职业发展质量。市域产教联合体的实施过程要充分实现平台共享、技术共享、资源共享、人才共享、成果共享。联合体应寻找利益整合的共同点，凝聚合作共识点，创造互惠共赢的效益，实现利益高度互涉与共振。

市域产教联合体融合汇聚了教育资源、人才资源、技术资源、知识资源、产业资源等，是职业教育创新高地的动力所在。随着我国产业结构的转型升级和经济增长方式的持续转变，市域产教联合体将成为构建我国现代职业教育体系的重要组成部分、推动我国职业教育改革发展的新动能、促进产教融合纵深发展的关键所在，也必将推动职业教育与城市集群的融合发展。

4.3.2.2　产教融合共同体

按照教育部发布的《行业产教融合共同体建设指南》，行业产教融合共同体由产教

融合型企业牵头，使企业深入参与到职业院校人才培养过程中，让职业教育真正围绕产业需要来办学，服务现代产业体系建设。

与职教集团等由职业院校牵头的产教融合形式相比，新组建的共同体更加注重由行业龙头企业把握产教融合的主导权，构建以教促产、以产助教生态圈。在产教融合共同体建设中，职业院校应重点把握以下"1234"。

1. 扭住一个核心

行业产教融合共同体是由牵头单位联合其他组织组建的一种跨区域汇聚产教资源的新型组织形态，其本质是一种超组织，以相互依赖和有组织性为核心特征。共同体内各主体单位的行为边界介于市场与组织内部之间，须满足不同主体的价值诉求，否则行为主体会选择市场行为。

作为牵头单位的职业院校，在行业内话语权一般，因此一定要扭住一个核心——问题导向，主动建立有效体制机制，畅通信息渠道，匹配不同供求，满足不同价值诉求，把每一项活动、每一次互动都视为发现、匹配、创造和满足价值的过程。如此，行业产教融合共同体建设才会有效度、长度、深度和活跃度。

2. 坚持两个原则

坚持产教融合是一种育人理念。从现有研究和实践案例来看，不少学校仅将产教融合视为一个项目或一个育人环节，这势必矮化其地位，窄化其功能。

职业教育是一个从职业到职业的闭环，职业是其逻辑起点和行动终点。职业是劳动力与生产资料结合的具体方式，包括主体和客体，其中人是主体，生产资料是客体。各行各业生产实践是职业的具体应用场景，价值性、情景依赖性、专门性和延续性是职业的基本特征。

职业教育基于以上基本特征对职业主体进行教育，以使其具备完成职业活动必需的知识、动作和心智技能等。这决定了职业院校必须与产业一起来履行高等职业教育的人才培养、科学研究、社会服务和文化传承等功能。产教融合共同体就是职业院校在实践中探索出来的一种育人理念。

坚持分类推进产教融合共同体建设。产教融合共同体建设中，产与教是主体，融是动作，合是目的，共同体是结果，所以产教融合共同体是一种混合体。

建立实体化运行机制、构建产教供需对接机制、联合开展人才培养、协同开展技术攻关和有组织地开发教学资源是教育部提出的产教融合共同体重点建设任务，这些都是产教相"融"的典型举措。但不同产业具有不同属性和行业背景，不同行业定位的职业院校具有不同特征和办学模式，同一学校不同专业的人才培养模式也不同，所以不能以通用模式来"一刀切"式推进产教融合共同体建设。

为此，应在做足调研、立足实际的基础上，把准价值需求，坚持系统思考和问题导向，按照《行业广教融合共同体建设指南》所列重点任务，分层分类扎实推进产教融合共同体建设，成熟一个建一个，切忌一哄而上。

3. 实现三个转变

（1）由"学校被动适应"转变为"产教合力共创"。服务经济社会发展是职业教育的主要功能之一，以产定教是职业教育一直坚持的理念。受体制机制影响，学校对市场的反应速度不够灵敏，总是被动跟着产业跑，"产教脱节"是实践中的常态。提升职业教育适应性已作为指导思想被写入《关于深化现代职业教育体系建设改革的意见》。改变被动适应现状，真正提升职业教育的适应性，产教融合共同体建设是有利契机。只有在共同体建设过程中构建有利于"融"的工作机制和有利于"合"的分配机制，才能真正成为共同体，才会实现"产教合力共创"的价值创造模式。

（2）由"校企单点合作"转变为"产教网络构建"。产教融合共同体是一种新型组织形态，由产业界和教育界的诸多实体单位组成。这种组织形态呈网络状，价值是构建网络的核心节点。牵头企业、牵头普通高校和职业院校应分别在所属业内有一定话语权和影响力，能搞得起活动、引得起互动、掀得起行动，不断提升组织网络的连接度、通达度和密度，切实改变以往校企单点合作的碎片化状态。通过织牢织密共同体网络，增加价值创造机会，增强主体间信任，提升产教融合发展理念在产业界和教育界的渗透率、认同度。

（3）由"岗位能力培养"转变为"职业标准制定"。订单班、现代学徒制、工学交替和任务导向式课程等是职业教育常见的育人模式，其逻辑是通过真实工作任务来培养学生的岗位能力，但存在两个弊端：一是由于过于依赖特定工作任务导致综合技术能力培养不足；二是将工学交替当成顶岗实习导致有效培养不足。造成这种现象的主要原因是职业标准体系建设不够。产教融合共同体中行业企业数量多、结构全、影响大，普通院校学科实力和技术创新能力强，职业院校精于应用研究和技术技能型人才培养，且三者互动多、话语权大，有利于制定相关职业标准，实现以职业标准为导向、以任务式课程为模式、以行动教学为手段的高素质技术技能型人才培养模式。

4. 跳出四个误区

误区一：把建设产教融合共同体等同于职业教育高质量发展。建设产教融合共同体是职业教育高质量发展的必要非充分条件。职业教育高质量发展是一个系统工程，涉及办学体制、运行机制、内部治理以及社会认可等诸多因素，需要政府、学校、行业和社会共同努力。产教融合共同体建设是政府搭台，产、校、企相融相通的一种有效模式，是办学理念、教学资源、师资培养和技术服务等关键办学能力提升的重要途径。职业教育要实现高质量发展还需学校内部深化"三教"改革，积极探索符合中国本土文化和实际学情的职教理论与人才培养模式。

误区二：把产教融合共同体等同于校企合作。产教融合共同体由多个校企合作伙伴构成，校企合作是产教融合共同体的基础，两者的合作形态、合作模式及合作内容不同。产教融合共同体是一种伙伴关系网络，网内通达度高、互动多，而传统校企合作多数属于"单边关系"，或由牵头企业、牵头学校占据结构洞位置的关系网络。在合作模式上，共同体追求以融促合，目的是产生新的混合体；而校企合作则是以市场逻辑为主导来执行具体事项。在合作内容上，产教融合共同体旨在将育人活动融入生产实践，立足生产实践来开展系列育人活动，逐步实现产教协同；而校企合作以具体事项为单位,如提供人才和技术服务等。

误区三:把产教融合共同体作为一种静态组织。作为一种新型组织形态,产教融合共同体具有生命周期,需根据外部环境与内部状态动态调整战略目标和运行机制。大体来说,产教融合共同体需经历发起、对接、发展、成熟和变革五个阶段,变革后进入产教融合共同体升级版。共同体涉及多个主体单位,发起和对接阶段可能彼此间了解不够深入,发展阶段会出现许多预想不到的情况,因此产教融合共同体成立后要根据章程和运行状态,不断优化和完善运行机制,创新合作方式,拓宽合作领域,持续深入合作,在动态中发展和取得成效。

误区四:把产教融合共同体作为一种发展联盟。职业教育联盟或职教集团与产教融合共同体都是促进职业教育高质量发展的具体措施,但目标逻辑不同。联盟的核心目标是通过团结和合作来实现各自利益最大化。产教融合共同体的核心目标则是通过互融互通来打造一种助力产教协同发展的新型混合体。一言以蔽之,联盟旨在通过共享、互助来实现各自的发展,而共同体旨在通过融通来实现一体化发展。产教融合共同体在运行过程中,要着重解决"融"的问题,要逐步做到机构融入、业务融汇、人才融聚、资源融通和发展融合,真正实现由"融"到"合",而职教联盟的共享、互助只是"融"的一种行为。

4.3.2.3 职业教育集团

职业教育集团是职业院校、行业企业等组织为实现资源共享、优势互补、合作发展而组织的教育团体,是近年来我国加快职业教育办学机制改革、促进优质资源开放共享的重要模式。职业教育集团的组成主体包括政府机构、行业组织、企(事)业单位、职业院校、研究机构和社会组织等六类。职业教育集团化办学是促进我国职教体系改革、整合教育资源、协调多元主体利益关系的新型办学模式。同时,组建职业教育集团是落实产教融合发展模式的重要形式,而实体化是职教集团发展新阶段的必经之路。

《中国职业教育集团化办学发展研究报告》对职业教育集团进行过较为明确的界定,指出职业教育集团是由一个或多个具有独立法人资格的组织、团体、协会等参与建设,以契约、资产等形式为联结纽带,以集团章程为共同行为规范,在自愿平等、合法合规、互利共赢的基础上组建的跨行业、跨区域、跨领域,多功能、多层次、多元化的社会非营利性组织。它具有民间性、松散性、服务性与自治性的特征。早在2015年教育部发布的《关于深入推进职业教育集团化办学的意见》中提及"开展集团化办学是深化产教融合、校企合作"的有效途径,鼓励国内外职业院校、行业、企业、科研院所和其他社会组织等各方面力量加入职业教育集团,探索多种形式的集团化办学模式,创新集团治理结构和运行机制。全国共组建职教集团1400余个,覆盖90%以上的高职院校、100多个行业部门。

产教融合不断深化,推动职业教育集团化办学具有深刻意义。

首先,职业教育集团化办学有利于集成职业教育资源,实现资源高效利用。职业教育集团化办学为职业院校、行业企业及其他教育机构之间的资源共享提供了重要契机和平台。通过职业教育集团可以将实训场地、实训设备、师资等进行共建共享。与此同时，职业教育集团化办学还可以强化多元主体对合作成果的有效把控。

其次，职业教育集团化办学有助于实现职业教育跨界跨部门的合作，协调多元主体的利益分配。学校端有学校的育人目标，企业端有企业的项目要求，往往存在职业教育中"两张皮"的情况，而职业教育集团有助于主体间在育人方面进行深度融合。比如，通过多方协商成立集团办学指导委员会，在委员会的沟通交流和目标引导中明确各主体的利益结合点，将跨界跨部门的利益充分协调。

最后，职业教育集团化办学有利于人才培养系统化体系搭建。在职业教育集团体系中，职业院校对标产业需求，及时调整育人目标和专业设置，培育满足产业需求的应用型技能人才。具体而言，可以达成学历证书与职业资格证书的互融互通，强化对在岗人员的职业技能鉴定，推动职前、职中、职后一体化培训体系搭建。更重要的是，通过职教集团内部成员之间的合作，建立更为通畅的多元化学历提升通道，打通职业技术人员的学历上升途径，真正形成产业链、岗位链和教学链的闭环。

4.4　专业内涵建设范式构建

4.4.1　创建分层级育人模式

以习近平新时代中国特色社会主义思想为指导，深入贯彻落实党的二十大和全国职业教育大会会议精神，牢牢把握立德树人根本任务，以专业为基础，以学生特色发展为中心，以教师团队建设为保障，以平台建设与人才培养模式改革为载体，坚持目标导向与问题导向相统一，推动素质教育与专业教育横向交融、纵向贯通，形成"技能学习、能力提升、特长发展、素质拓展"融合的分层级协同育人模式（图 4.4.1），构建"专业为基打底子、启智学院搭台子、创新实践趟路子"育人路径，实践人才培养创新模式，打造学生发展品牌，培养德智体美劳全面发展的社会主义建设者和接班人。

4.4.1.1　搭建学生个性化发展平台

1. 以创新项目为依托，建设创新技研工作室

将兴趣激励作为第一驱动力，建立"兴趣驱动、导师引导、环境保障"交互的运行机制，设计改进创新项目载体，根据创新型人才培养的需要，结合具体的竞赛项目，依托科创孵化平台，组建指导团队，建设创新技研工作室，开展人才培养；教师引导学生开展探索式自主学习，学生可以参与到创新孵化平台中，采取文献查阅、小组讨论、专题会议、头脑风暴、自主实验、社会调查等各种灵活多样的形式进行开放式学习，提升学生的创新意识和创新能力。

2. 以科研项目为依托，建设技研服务工作室

依托学校校级、厅级及省级科研平台，将企业、行业协会等不同性质的组织和

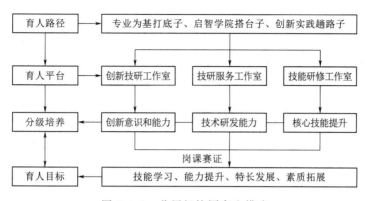

图 4.4.1　分层级协同育人模式

资源对接到技术平台、专业中试基地，建设技研服务工作室，形成多元整合、开源互促、共同参与的协作培养机制，通过项目团队承接各类技术服务项目，学生参与项目工作或与项目相关的辅助工作，培养学生科学思维与团队协作能力，逐步形成"自我造血"能力，不断涵养学生的科研素养，提升学生的技术研发能力和专业服务能力。

3. 以核心技能为依托，建设技能研修工作室

对接产业链，研究专业典型工作岗位，凝练岗位核心技能，对接省级、国家级和世界技能大赛、职业技能等级证书，以专业发展核心技能为载体，与专业实训室开放结合，组建由专业带头人、骨干教师、企业技术人员组成的教学团队，建立技能研修工作室，实施技能竞赛月比武、竞赛晋级锻造等，通过独立辅导、师徒传承、学生自主训练等方式，强化学生技能训练，使每个学生都能熟练掌握一项专业核心技能，同时拓展学生自我提升能力。

4.4.1.2　开展复合型人才培养模式改革试点

树立以学生为中心的教学理念，根据学生成才的不同需求，在课程设置与自主选择、教学要求等方面，注意统一性与多样性、共性与个性的结合；尊重学生基础、兴趣和发展方向等方面的差异，实施"主修专业＋岗位辅修技能模块"差异化人才培养模式，立足靶向服务产业、科创融汇、提升技能等需要，"以点启智"导学，"线上辅导＋提升"助学，线上线下相结合的混合式教学模式改革，实施分类型、分层次培养，精准培养，促进不同层级学生个性化成长成才。

4.4.1.3　实施综合素质提升工程

根据学生综合素质发展需求，为培养学生团队精神、集体意识、坚强的毅力、严谨的工作态度及工作岗位文字组织能力，设置文献检索、写作与演讲、体能训练等公共综合素质提升课程，与人才培养方案公共选修课程成绩学分互认。

4.4.1.4　搭建毕业生职业重塑平台

依托国家级、省级教学资源库和精品资源在线课，主动对接产业发展，紧跟新技术、新产业、新业态、新模式，将行业、企业的技术需要转化为相关教学资源，面向

毕业生和社会学习者进行职业重塑,开展线上或线下培训,构建能够面向人人、服务终身的新的教育资源供给模式。

4.4.2 打造多维度育人场景

创新"科研项目驱动、四大平台协同"递进教学方式,以项目教学为基础,对接产学研转创全过程,依托学产服、学研、学转和学创四大平台,按素养、文化、技能分层级、分阶段实施递进式教学,实现学生能力逐级提升,有效增强对接产业链和创新链的适应力。

依托学产服平台提供的产业学院技训场、企业工作场域和技术服务实境,结合产业企业实际需求及对应服务项目,开发模拟项目,提炼单元项目,实施教学练做;学生通过参与真实生产项目及岗位实习,晋级岗位技能。

依托学研平台提供的科研成果和平台载体,将科研成果转化为授课专题,促进成果进课堂;学生通过参与调研、数据采集与处理、试验制备与验证等科研项目环节,涵养科研素养。

依托学转平台提供的技术成果转化样本和转化环境,形成典型转化案例;学生通过参与技术成果的转化、推广等工作,提升成果转化意识和转化能力。

依托学创平台提供的创新专利和创业案例,学创主体培育"专创融合"双创项目;学生通过投身创新成果开发与创业孵化,提高创新创业能力。

根据产业实际对人才培养的新要求,学会开创性提出补齐知识化短板理念,倡导运用新一代信息技术重构人才培养的知识、技术、技能结构,建立与产业发展需求相适应的知识、技术、技能人才培养体系,助力职业教育专业升级与数字化改造。

4.4.3 构建专业动态评价体系

遵循专业调整原则,建立系统科学的专业动态调整机制,提升专业调整决策能力,促进专业结构持续优化和各专业协同发展。本书从专业定位、招生和就业、专业办学条件、专业建设成果、特色与创新五个方面构建专业动态反馈评价体系。由于各高职院校所在区域经济发展情况不同,以及专业本身的特性,可根据实际情况设置指标权重,优化指标内涵,调整相应的二级指标(表4.4.1)。

表 4.4.1 高职院校专业动态反馈评价体系

一级指标	二 级 指 标
1. 专业定位	1. 行业产业匹配度
	2. 服务相同行业、区域高职院校专业的设置情况
	3. 在高职培养目标中的定位情况
	4. 服务专业群中的定位
2. 招生和就业	1. 毕业生就业质量(就业率,专业对口率,晋升情况,毕业生满意度等)
	2. 学生报考情况(报考率,录取分数线,报到率)
	3. 企业满意度

续表

一级指标	二 级 指 标
3. 专业办学条件	1. 师资队伍建设情况（生师比，双师比，教师团队结构，教师教学能力大赛获奖情况、教学质量评价等情况）
	2. 课程资源建设情况（课程标准制定情况，省级、国家级课程项目建设情况）
	3. 校企合作情况（合作模式，合作企业的数量、质量）
	4. 实训条件情况（校内外实训基地，生均设备产值，实训项目开出情况）
4. 专业建设成果	1. 教学成果奖获奖情况
	2. 学生获得省级及以上技能竞赛及创新创业竞赛情况
	3. 专业获得省级及以上重点专业荣誉称号情况
	4. 社会服务情况（技术服务，培训服务，服务产值）
	5. 获得其他标志性成果情况（包括承担的省级及以上教科研项目、专业资源库项目等）
5. 特色与创新	1. 体现专业发展能力与水平、品牌特色优势的其他重要方面 2. 专业建设示范引领作用

现将五个一级指标说明如下：

指标一"专业定位"是专业设置的前提。该指标主要考察该专业能否满足经济社会外部需求，是否符合技术发展趋势的情况。主要包括"行业产业匹配度""服务相同行业、区域高职院校专业的设置情况""在高职培养目标中的定位情况""服务专业群中的定位"四个二级指标。其中，"服务专业群中的定位"主要指该专业在学校专业群中的地位，以及与其他专业的相互支撑关系。

指标二"招生和就业"是专业调整的动力。该指标主要考察专业实际满足经济社会外部发展需求的情况、专业的吸引力和可持续发展的能力，决定了专业的"出口"和"入口"，主要包括"毕业生就业质量""学生报考情况""企业满意度"三个二级指标。

指标三"专业办学条件"是支撑专业开办和发展的必要条件。该指标主要考察支撑专业开办和发展的条件，包括"师资队伍建设情况""课程资源建设情况""校企合作情况""实训条件情况"四个二级指标。专业的调整必须充分考虑专业现有的基础条件，在此基础上进行调整。

指标四"专业建设成果"是展示专业办学质量的关键要素。该指标主要考察专业办学的质量和潜力，包括"教学成果奖获奖情况""学生获得省级及以上技能竞赛及创新创业竞赛情况""专业获得省级及以上重点专业荣誉称号情况""社会服务情况""获得其他标志性成果情况"五个二级指标。新增专业论证不需要参照该指标。

指标五"特色与创新"属于参考指标。该指标主要考察专业的实力与水平、特色与潜力以及示范引领作用。

第 5 章　职业教育水利类专业"五金"新基建模式研究

在教育强国建设过程中，职业教育上连高等教育、下接基础教育，是中国教育的"脊梁""脊柱""中坚"。中国要真正成为一个经济强国、制造强国，需要一批又一批数量充足、质量优良、结构合理的高技能人才。高素质技术技能人才是中国建设世界强国、实现中国式现代化的重要组成部分。打造现代职业教育体系建设的"五金"新基建，是促进职业教育高质量发展的关键。2022 年，吴岩副部长提出要从政治强、站位高、视野宽、五术精四个方面锻造"中国金师"，结合 2017 年、2018 年提出的"金专""金课"，系统构成了专业是基本单元、课程是核心要素、教师是决定力量的高质量人才培养支撑框架。

随着时代发展，绿色发展理念逐步深化，国家大力发展民生水利、生态水利、智慧水利，水利类专业技术技能人才培养出现了思政教育不适应时代发展、技术技能不适应行业升级发展、文化涵育不适应理念发展、育人机制建设不适应创新驱动发展的"四个不适应"。需要通过"金专、金课、金师、金地、金教材"新基建建设，助力新时代高等职业教育高质量发展，切实提升现代水利类专业的适应性。

（1）将"金专"建设作为职业教育教学新基建的首要抓手。专业是人才培养的基本单元，职业教育、职业学校的发展，基本抓手在专业，专业强则学校强，专业强则学校有特色。职业教育要把专业链和产业链紧密对接、真正融合起来，靠共同体建设，靠专业建设，把专业变成"金专"。职业教育的核心是人才培养，而人才培养的首要任务是专业建设。职业教育的产教融合之路必须紧密围绕产业发展，动态调整专业设置，优化专业结构，合理布局专业资源，以专业建设统领各项改革，引领产教融合、科教融汇、职普融通，才能使专业链和产业链紧密对接、真正融合。

（2）"教改教改，改到深处是课程"。课程是人才培养的核心载体，同时优质课程对于提高学生的职业能力和岗位适应性具有重要意义。课程是专业知识和职业能力培养要求的全面体现，课程设置、课时及授课学期安排等方面是否科学、合理，直接关系到专业培养目标能否实现。课程体系也是专业设置时必须首先确定的内容，离开相对独立的课程体系，一个专业就无法确立。职业教育的课程要紧密地结合产业发展而设立、推进，让课程真正在学生身上发生化学反应，才能使人才培养发生质量跃升。

（3）"教改教改，改到痛处是教师"。职业教育真正决定质量的是教师，师资队伍是职业教育人才培养的关键力量。职业教育要突出实践导向，通过扩大教师来源、提高教师素质、调整教师结构、建立长效机制等措施，打造一支德技双馨、专兼结合、结构合理的高素质双师型教师队伍。通过建设示范性教师发展中心、协同创新中心、双师工作室等，提升教师的研创能力、实践能力、创新能力和示范指导能力，构建起教师主动提升融入实践、激发活力的机制。要加强师资培训，鼓励教师参与企业的技术研发和生产实践，提升教师的实践经验和技术能力。同时，实行产业导师制度，引进行业专家和技术能手，丰富教学内容和教学方法，让学生在学习过程中就能接触到实际的工作环境和项目，增强实践能力，提高教学效果。因此，产教融合是培养"双师型"教师的必由之路。也是"金师"建设的有效路径。

（4）"教改教改，改到难处是实践"。实践是人才培养的短板、软肋、弱项，只有在实习基地、实践基地、实训基地里真刀实枪地干和练，才能够培养出受企业欢迎的高素质技术技能人才。实践教学体系建设不仅对专业人才培养具有重要的影响，而且制约着实践教学活动的组织与安排，进而影响到专业人才的素质和职业技能的培养。为此，实践教学体系建设在职业教育中具有特殊的重要的地位。职业教育要把实践基地变成"金地"，将实践基地、实训项目建设落到实处，做出亮点和特色，推动职业教育产教深度融合，提高人才培养质量。

（5）教材是人才培养的重要支撑，是专业知识和能力素质培养的物质载体，优质教材对于提高学生的综合素质和职业能力具有重要意义。高职院校需要紧扣标准体系开发产教融合型优质教材。通过反映产业发展最新进展、体现科技变革新成果、满足学生学习认知要求等措施，建设一批思想性、科学性、先进性、适应性兼备的优质教材。同时，也需要打造一批易于更新，具备交互、共享、自适应等功能的数字化教材，提升教材的时效性和实用性。

5.1 构建特色专业群发展新模式

专业是知识传递和生产的载体，专业关系的核心是知识关系，高职学校专业群的构建从最根本的维度看要基于对知识关系的分析。2019 年 4 月，教育部、财政部印发了《关于实施中国特色高水平高职学校和专业建设计划的意见》（以下简称《意见》），中国特色高水平高职学校和专业建设计划（以下简称"双高计划"）正式部署。《意见》要求把专业群建设作为高水平高职学校建设的关键内容，意味着高职教育的政策制定者充分意识到了组建专业群对高职专业未来发展的重大意义，同时也标志着我国高职学校专业治理模式的根本转型。其背景是智能化时代产业模式变化所带来的职业结构变化，即职业出现了大规模相互交叉、融合的趋势。高职学校应当抓住这一契机，通过对专业群建设规律的探索，把专业建设推向一个新的水平。

5.1.1 特色专业群作用分析

《意见》要求集中力量建设 50 所左右高水平高职学校和 150 个左右高水平专业群，而 50 所左右高水平高职学校也要完成 2 个专业群建设任务。组建专业群，形成以专业群为基本单位的高等学校专业治理结构,是始于本科院校的一种专业发展模式。近年来许多大学把分散的相关学科组织在一起,成立学部,就可视为组建专业群的过程。实践证明,如能有效地消除专业群组建中的一些不利因素,充分发挥其有利因素,将极大地推进群内各专业的建设,因为它不仅能集中资源完成各独立专业无法完成的大型建设任务,而且可以发挥群内各专业之间的相互支撑作用,优化各专业的发展环境,促使专业群内的各专业跨上一个全新平台。

5.1.2 专业群组群逻辑

高职教育专业群编组比本科教育专业群编组复杂得多,因为本科教育的学科分类就是根据学科知识的逻辑关系进行划分的,其一级学科与二级学科之间的关系比较清晰。以作者所从事的教育学科为例,教育学是一级学科,同时也是一个专业群,它里面包含了大量的二级学科,如教育学原理、教育史、职业技术教育学、高等教育学、比较教育学等。这些学科之所以能组织在一起成为一个专业群,是因为它们有一个共同的研究课题,即"教育"。整个专业群中有一个发挥核心作用的专业,即教育学原理,只有这个专业可以支撑起整个专业群。因此,本科教育专业群编组的主要任务不是寻找专业之间的逻辑关系(这已是现成的),而是如何打破作为一种社会建制的学科之间的壁垒。对高职教育来说就不同了,因为高职教育的专业不是根据知识之间的逻辑关系设置的,而是以具有相对独立性的技术和职业为参照点设置的。高职教育的专业大类与具体专业之间并不存在必然的人才培养内在逻辑。这就使得高职教育的专业群编组首先要回答专业群的编组逻辑问题。

目前高职教育专业群编组通常使用的逻辑有三种:一是产业逻辑,即把产业链上的相关专业组织到一起;二是岗位逻辑,即把有工作关系的专业组织到一起;三是内容逻辑,即把课程内容有相关性的专业组织到一起。这三种逻辑并非在一个层面上。教育是一种人才培养与知识生产的活动,因此从最根本的意义上说,专业群编组的逻辑只能在知识层面去寻求,产业链、岗位相关只是寻求专业群编组逻辑的线索,而非编组逻辑本身。不应鼓励学校把存在于一条产业链上,却无知识内在联系的专业生硬地组织到一个专业群中,这是专业群编组中要特别注意的问题。

与本科教育组建专业群更多地从科学研究突破角度寻求专业群编组的逻辑不同,高职教育组建专业群的主要目的是促进技能型人才培养,因此它更多地应从复合型应用人才培养的角度寻求知识逻辑。职业类别的多样化决定了高职教育专业群编组需要采取不同模式,常见模式有立柱模式、扣环模式和车轮模式。立柱模式的特点是群内有一个作为支柱的专业,其他专业依附它而发展;扣环模式的特点是群内各专业之间是交叉、并列关系,没有哪个专业能发挥绝对的支柱或中心作用;车轮模式的特点是群内有一个居于中心地位的专业,但它与群内其他专业之间的关系是平面的(图5.1.1)。

结合我国"双高计划"一次性规划了三期,每期5年共计15年,旨在通过持续建设,在世界舞台上能够有一批优质的学校脱颖而出,使与之相应的专业群具有不同发展阶段特征(表5.1.1)。

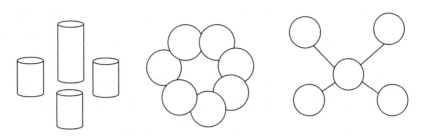

（a）立柱模式　　　　　　（b）扣环模式　　　　　　（c）车轮模式

图 5.1.1　专业群编组的三种典型模式

表 5.1.1 　　　　　　　　　　**高职院校专业群发展阶段划分模型**

发展阶段名称	发展阶段特征	发展的关键内容
初创期	1. 形成了专业群基本建制； 2. 群内各专业的主要资源聚集到了一起； 3. 搭建起了专业群平台课程，课程体系以专业群为单位进行了整体规划	1. 稳定专业群的基本建制； 2. 完善专业群平台课程，使之在人才培养中发挥出更强的实际效应； 3. 提升群内各专业的教师对专业群的认同度
合作探索期	1. 在制度管理下，专业群整体运行平稳； 2. 群内各专业的教师已经接受了专业群的存在； 3. 群内不同专业的教师之间开始尝试探索合作开展技术知识生产项目	1. 进一步增强群内各专业的教师对专业群的认同度； 2. 引导不同专业的教师尝试联合申请并实施技术研发项目
成熟期	1. 群内各专业的教师对专业群的认同度超过了对专业的认同度； 2. 群内不同专业的教师之间通过合作完成了重要技术知识生产； 3. 群内不同专业的教师之间探索出了更加清晰的跨专业合作点，促进了新的专业方向的产生	1. 引导各专业的教师在深入交往、合作的基础上，寻找到专业之间更加清晰、有重要发展意义的合作内容，并展开具有创新价值的技术知识生产活动； 2. 引导教师把技术知识生产的成果纳入平台课程中，形成更能体现专业合作价值的平台课程

5.2　水利职教"金师"建设现状及塑造路径

5.2.1　水利职教教师发展现状

职业教育的重要地位和作用日益凸显。建设一支技艺精湛、专兼职结合的"双师型"教师队伍是推动现代职业教育高质量发展、深化现代职业教育体系建设的强基固本之策。习近平总书记强调，"强教必先强师。要把加强教师队伍建设作为建设教育强国最重要的基础工作来抓"。职教教师是职业教育的主要推动者，肩负每年培养 900 万高素质劳动者和技术技能人才的任务，占新增就业劳动力的 70%。党中央、国务院高度重视职教教师队伍建设工作，2012 年以来，职业院校教师素质提高计划加大了培训力度，中央财政累计投入培训经费 53 亿元，带动省级财政投入 43 亿元，有效支撑了5 年一周期的职教教师全员培训工作。"十三五"期间完成国家级培训 41.1 万人次，省级培训 28.41 万人次，均超额完成指标任务。近年来，国家一直在加快推进职业教育"双师型"教师队伍高质量建设。党的十八大以来，以习近平同志为核心的党中央对教师队伍和职业教育作出了一系列重大决策部署，推进职业教育提质培优、增值赋能。2018 年，中共中央、国务院印发《关于全面深化新时代教师队伍建设改革的意见》。2019 年，国务院印发《国家职业教育改革实施方案》，教育部等四部委印发《深化新时代职业教育"双师型"教师队伍建设改革实施方案》，对职教教师工作进行了全面部署。2022 年，《职业教育法》对职教教师队伍建设作出规定，着力构建职教教师队伍建设的"四梁八柱"，让职教教师队伍强起来。同年，教育部办公厅发布了《关于开展职业教育教师队伍能力提升行动的通知》（教师厅函〔2022〕8 号），从完善职业教育教师标准框架、提高职业教育教师培养质量、健全职业教育教师培训体系、创新职业教育教师培训模式、畅通职业教育教师校企双向流动等方面提出了明确的举措，进一步深化职教教师培养培训体系改革，健全职教教师成长发展和能力提升机制。2022 年，教育部副部长吴岩提出要从政治强、站位高、视野宽、"五术"精四个方面锻造"中国金师"。同年，教育部发布的《关于进一步加强全国职业院校教师教学创新团队建设的通知》中就提出了职业学校"双师型"教师占比不低于 50% 的要求。

5.2.2　水利职教"金师"胜任力模型构建

5.2.2.1　水利职教教师要求

　　"胜任力"的概念是哈佛大学心理学教授戴维·麦克利兰（David McClelland）于 1973 年正式提出的，它是在某一工作中能将表现优异者与普通者区分开来的、个人的深层次特征，涵盖动机、自我概念、态度或价值观、知识，可识别的行为技能和个人特质。从胜任力内涵来看，它具备以下三个特征：一是综合性，即胜任力不是单一的一种素质，而是由知识、技能、动机等组合成的整体。二是异质性，胜任力与人员的工作岗位相关，不同的岗位对人员胜任力的要求不同。三是预测性，个体的绩效能力可以通过人员所具备的胜任力进行预测，以此判断个体未来的发展。

5.2.2.2　水利职教教师胜任力模型

　　基于 DeFillippi&Arthur 胜任力理论，结合职教教师胜任力相关研究成果，重新搭建指标体系（胜任力模型）。该指标体系包含 4 个一级指标（角色胜任力、岗位胜任力、发展胜任力和协同胜任力）和 12 个二级指标，详见表 5.2.1。

表 5.2.1　　　　　　水利职教教师能力指标体系（胜任力模型）

一级指标	二级指标	指　标　内　涵
1. 角色胜任力	（1）政治信念坚定	有正确的政治立场，在事关政治原则的问题上能做出正确的价值判断； 能自觉接受理想信念教育和社会主义核心价值观教育； 有强烈的国家使命感、民族自豪感，能自觉弘扬新时代水利精神
	（2）立德树人	有浓厚的家国情怀，有立德树人、服务为民的教育理念； 坚持真理，牢记初心使命，自觉抵制社会不良风气； 廉洁自律、甘于奉献、善于自省

续表

一级指标	二级指标	指 标 内 涵
1. 角色胜任力	(3) 爱岗敬业	有认真踏实、恪尽职守、精益求精的工作态度； 环境适应性强，有不断的进取、竞争意识； 在职业活动领域，有开阔的教育视野，追求崇高的职业理想
2. 岗位胜任力	(4) 专业知识	专业素养高，有扎实的专业知识，关注学科前沿研究； 善于学习，有较强的信息技术知识与运用能力； 善于将理论知识与技能融入乡村振兴、技能型社会建设中
	(5) 教学能力	根据教材和学情，创新教学方法，探索教学规律，推动教学提升； 根据教学任务，开展课堂革命，实现教学目标； 正确分析学习效果，对教学与实践进行有效教学反思与改进
	(6) 科研能力	了解国情、熟悉政策，具有政策分析能力，有明确的研究方向； 善于从党和国家的发展层面观察、思考和处理问题； 有发现问题、分析问题、解决问题的能力，能进行科研实践，参与成果交流，进行科研成果推广与转化
	(7) 专业实践能力	有调查研究能力，能走进乡村、企业，走到实践中，多层次多渠道地开展调查，能主动关注发展中、改革中的问题； 以各种培训平台、赛事为契机，提升专业技术技能； 有合作意识，不推卸责任，能求同存异、体谅包容
3. 发展胜任力	(8) 持续学习能力	有终身学习理念，不断修正知识体系，增强解决问题的能力； 通过学习与培训及交流，提高自身适应社会的能力和育人能力
	(9) 守正创新、追求卓越的职业情怀	专注于学科领域研究，持续提高综合素养，追求卓越，推进科研成果转化； 有专业研判的敏锐性和执行力，能将国家战略规划与职业教育发展、自身生涯发展统一谋划，同频共振； 以身作则，发挥"学高为师、身正为范"的带头作用，做引领人、团结人、感召人
	(10) 敢于担当、投身民族复兴事业	有高度为党助力、为国家尽责、为人民服务的欲望； 自觉贯彻创新发展理念，在建设现代化经济体系中献计出力； 具有强烈的实现社会主义现代化和中华民族伟大复兴的责任感和使命感，愿意为国家和人民的事业做出新贡献
4. 协同胜任力	(11) 聚力打造专业团队	组建适应打造服务专业高质量发展的教学团队； 聚力破解跨专业联合的教学创新团队协同工作难题
	(12) 形成校企-校际工作模式	开展校企联合，破解企业发展难题； 开展校际联合，实施专业课程集体备课

5.2.3 水利职教"金师"培养路径

为践行"中国金师"理念，课题组根据系统动力学理论，从教师思想意识提升的原动力、政企校共助"江河战略"的整合力、教师育训平台搭建的推动力和教师发展政策制度支持的支撑力等方面驱动职教水利类教师胜任力提升，水利职教"金师"胜任力提升驱动机制如图 5.2.1 所示。

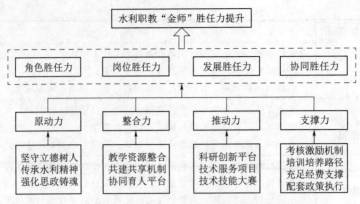

图 5.2.1　水利职教"金师"胜任力提升驱动机制

5.3　水利实习实训基地建设现状及打造模式

5.3.1　水利实习实训基地建设要求

职业教育直接面向职业实践,以培养技能型人才为主要目标,因此要大力推进职业教育实习实训基地建设,这是职业教育产教融合的重要基础。实习实训基地建设,一是要增加支持力度,在设施、教师资源的配置,以及教育方法的改进上下功夫;二是要引导实训基地建设方向,优先考虑重点领域实训基地建设;三是要优化实习实训基地的建设标准和流程,把实习实训和专业学科、职业领域、社会发展,以及行业企业实际需求相结合,同时要和学生的身心发展规律、技能发展规律相结合,通过实习实训基地高品质建设,为产教融合培养技能型人才打下坚实的教育教学基础。从实训基地到产业学院,再到开放型区域产教融合实践中心,职业教育不断创新组织形态,动态性融入中国式现代化经济社会发展。《关于深化现代职业教育体系建设改革的意见》中将建设开放型区域产教融合实践中心列为重点工作。职业教育在开放型区域产教融合实践中心建设中面临着与现实需求共时性困难、实践性乏力、畏缩性停滞等挑战。

5.3.2　实习实训基地建设趋势

实训作为提高学生职业技能的重要手段也越来越多地受到关注,因而,各职业院校在实训仪器设备和实训教学管理上都加大了资金和人员投入,纷纷建立设备齐全的实训室和实训基地,为实训教学的开展提供基本保障。但实训室作为实训教学的重要场所却因为诸多客观条件的制约导致其功能发挥程度有限,主要体现在以下方面:第一,每个学校都不可能在短时间内建设所需要的所有实训室;第二,实训室建设后,还会面临设备更新换代的问题,任何一个实训室都不可能"永葆青春",逐渐落后的实训室满足不了学生技能练习的需求,导致学生操作技能练习不足等问题,这将大大降低学生的动手能力和就业的竞争力;第三,传统设备操作实训,教师只能对机械部件外表进行讲授,学生对机器的运作原理及内部运作无法了解,即便通过演示或视频教学,也很难获得体验感。而学生直接进行实物操作,又往往因出错率较高造成设备损坏,造成实训设备的巨大损失与资源耗费。

随着虚拟现实技术的成熟,人们开始认识到虚拟仿真实训室在教育领域的应用价值,它除了可以辅助学校的理论教学工作,在实训教学方面具有"占用场地小、利用率高、易维护、升级快"等诸多优点。因此,需要通过虚实结合方式开展实习实训基地建设。

5.3.3 实习基地建设思路

紧密结合国家战略和职业教育发展要求,聚焦新阶段水利发展与数字化转型升级,积极推进校地、校企、校校共建合作,围绕人才培养、教师队伍建设、就业培训、经济转型升级和乡村振兴等方面的要求,建设水利工程职业教育示范性虚拟仿真实训基地项目,开展实训培养、岗位培训、技术转化、科普认知等,为推动现代职业教育的高质量发展增效赋能。提升校企合作水平,加强体制机制探索,着力建立校企合作长效机制和校企协同育人体系,构建以现代产业学院、行业产教融合共同体、市域产教联合体等为核心的校企深度合作平台,有效促进行业、企业参与人才培养全过程。

5.3.3.1 围绕"一基地、两中心、三服务、三协同、三融合"理念,打造区域共享型虚拟仿真实训基地

依托水利工程实训基地,在已建智能感知设备的基础上,增加控制设备,实现实时反馈、远程控制、自动报警、决策支持等数字孪生视域下的岗位场景基地建设,融入水利强国等,重塑分层次仿真资源体系,支撑服务技能实训、行业培训、科普宣传,打造现代化、数字化、智能化的区域共享型虚拟仿真实训基地。

5.3.3.2 对标实际工程深化数字孪生应用,建设工程数字孪生综合实训中心

以南水北调中线工程为原型,建设引调水模型工程与数字工程,以遥感影像、水位、流量、降雨、温度等各类水利观测要素信息构建4级数字底板,打造工程数字孪生综合实训中心,建成"原型-模型-数字工程"体系,实现引调水工程运行监测与调度决策的应用教学与员工培训。

5.3.3.3 构筑"校园-企业-行业"立交桥,创设水利行业职业技能实训教学中心

综合学校、水利行业、地方产业、企业的建设与发展需求,统筹与推进教学与实际岗位技能培养、先进技术研究、水利职业启蒙、青少年科普认知,一体化培养数字水利高质量技术技能人才,助推校地、校企、校校协同发展,服务新阶段水利高质量发展和国家发展战略。

5.4 水利职教"金课"建设现状及打造模式

课堂教学是思想政治教育的主要阵地,也是工匠精神培育的主要渠道,更是赋能高素质技术技能人才培养的关键。作为职业教育改革的关键环节,课程建设质量直接

关乎高素质技术技能人才培养水平，因此深化职业教育课程改革是一个永不过时的话题。从世界范围来看，课程早已成为全球职业教育改革与发展所关注的重要内容。深刻把握世界职业教育课程改革的基本走向，不仅有利于了解职业教育课程改革的基本趋势，而且可以为深化我国职业教育课程改革提供科学依据。

5.4.1　课堂建设的问题分析

5.4.1.1　职业教育课程改革方向存在的问题

一是学生专深职业能力的发展问题。作为一种典型的跨界教育，职业教育人才培养时常会面临来自产业界的挑战与质疑。由于长期以来未能形成具有中国特色的职业教育课程模式，导致技术技能人才培养未能很好地满足企业的用人需求。甚至有企业提出，职业院校学生三年仍学不会的技能，企业职业培训只需几个月就能熟练掌握。尽管可以从实训设备不足、理论基础不牢等方面找原因，但不可忽视的事实是，在劳动力市场工作任务日益复杂的趋势下，职业院校在培养学生专深职业能力方面仍然较为薄弱。在劳动力市场中，职业院校毕业生的岗位竞争力并不突出，甚至出现与民工争抢岗位的情况。如果不解决职业院校学生专深职业能力的培养问题，那么很难将职业教育与职业培训真正区分开来。

二是学生学习准备的不足问题。在以分数为导向的分流制度下，进入职业院校学习的学生大多学习基础较差，尤其是在学习普通文化课程方面较为吃力。这种学习准备上的不足涉及知识和学习心理两个方面。从知识方面来看，进入职业院校的学生学习积极性普遍不高，知识结构也非常不理想。从学习心理方面来看，多年的学习成绩不佳以及来自家长、老师的责备、冷漠，在学生心中深深地积淀了对普通文化课程的厌恶。职业院校学生学习准备不足问题大多是在基础教育阶段遗留的，在分流制度不变的情况下，提升普通文化课程的学习效率无疑将持续面临艰巨挑战。

三是学分制实施的困境问题。在职业教育课程改革过程中，学分制作为对学年制的重要补充，得到了广泛应用。然而，学分制的应用在实践中也遇到一系列困境，反映出不少现实问题。例如，教师难以开出足够的选修课，学生往往选修那些有趣又容易通过但教育价值不高的课程；学分重修时会面临课程安排上的冲突；常规班级打破后加大了学生管理的难度，教学管理不堪重负，没课的时间学生无所适从，等等。在经历了学分制改革之后，甚至有教师开始质疑学分制的存在价值。

四是教师在课程改革中的主体缺失问题。作为职业教育课程改革的直接参与者，教师发挥着至关重要的作用，决定着职业教育课程改革理念能否真正落到实处。职业教育课程改革最大的动力来自教师，最大的阻力也来自教师。这种阻力一方面源自教师的传统观念，多年受学科教育的经历使得许多教师不愿意转变传统的学科观念，不愿打破学科体系；另一方面源自工作量的计算方式，教师参与课程改革所产生的工作量未能得到科学计算，因缺乏有效的激励机制，教师参与课程改革与绩效考核、岗位评聘、职称评审的联系不是很强。

5.4.1.2　职业教育课程改革面临的挑战

在坚持职业教育课程改革核心理念的基础上，需要直面现实挑战，不断与时俱进、开拓创新。一是直面产业结构转型升级所带来的挑战。随着人工智能的发展，智能化生产系统得到广泛应用，并对技术技能人才培养模式带来冲击，传统的以职业能力分析为核心的课程开发方法受到挑战，需要适当融入工作系统化理念以解决这一问题。二是直面职业教育高移化所带来的挑战。中等职业教育逐渐从就业导向转变为升学与就业并重的基础导向，中高职衔接、中本衔接项目得到广泛推广，但其实质仍然是课程衔接，如何做到课程的一体化设计值得在理论与实践层面深入研究。三是直面教育整体数字化转型所带来的挑战。教育数字化转型是一个系统工程，对职业教育人才培养的各个环节均带来重大冲击，要积极回应教育数字化战略行动对课程改革提出的新要求，探索构建适应数字化升级需要的职业教育课程改革新范式。

5.4.2 水利职教"金课"建设要求

（1）坚持思政课主阵地和融入教学全过程相结合。《中华人民共和国爱国主义教育法》（以下简称《爱国主义教育法》）规定，各级各类学校应当将爱国主义教育贯穿学校教育全过程，办好、讲好思想政治理论课，并将爱国主义教育内容融入各类学科和教材中。思想政治理论课是爱国主义教育的主阵地，各级各类学校都要把这门课办好、讲好。要按照国家规定建立爱国主义教育相关课程联动机制，针对各年龄段学生特点，确定爱国主义教育的重点内容，充分挖掘各门课程所蕴含的爱国主义教育元素和所承载的爱国主义教育功能，构建爱国主义教育与知识体系教育相统一的育人机制。

（2）坚持课堂教学和实践活动相结合。开展爱国主义教育既要深化理论诠释，讲清楚是什么、为什么，推动爱国主义教育进教材、进课堂、进头脑，全过程、全方位开展爱国主义教育；又要强调实践育人，将课堂教学与课外实践和体验相结合，把爱国主义教育内容融入学校各类主题活动，通过组织学生参观爱国主义教育基地、参加校外实践活动等方式，增强情感认同，实现同频共振，发挥好实践育人功能。

（3）坚持知识传授和文化浸润相结合。要通过思想政治理论课的专门讲授，让学生理解和掌握历史文化、国家象征和标志、宪法法律、国家统一和民族团结、国家安全和国防、英烈和模范人物事迹及其体现的民族精神、时代精神等，着力营造浓厚的爱国主义教育校园氛围，挖掘校园文化中蕴含的爱国主义教育元素和承载的丰厚道德资源，为培育青少年学生的爱国主义情感创造良好的文化环境。

（4）坚持情感培育和规范行为相结合。习近平总书记强调，爱国，不能停留在口号上。开展爱国主义教育，要培育和增进广大青少年学生对中华民族和伟大祖国的情感，让他们立志成长为在社会主义现代化建设中可堪大用、能担重任的栋梁之材。同时，也要教育引导广大青少年学生牢牢守住底线和红线，自觉抵制《爱国主义教育法》所禁止的行为。对损害党的领导、国家利益和社会主义制度的言行，要及时依法予以制止和惩戒，营造良好的爱国主义教育氛围。

5.4.3 水利职教"金课"打造模式

5.4.3.1 数智赋能

纵观教育发展史可以发现，技术与教育相生相长，每一次科技革命和产业变革都给教育带来了跨越式发展。

高职教育数字化依然要循序渐进，可分为"转化、转型、智慧"三个发展阶段：转化阶段，基础设施建设逐步完善，软件硬件逐步磨合，数字技术要整合应用到高职教育领域；转型阶段，高职教育则要实现自我转型与提升，大学通过数字技术实现治理现代化，为教与学提供全过程、智能化、个性化服务，满足学习者的多元需求；智慧阶段，高职教育与社会之间的界限会进一步打破，实现教育理念、教学模式、教育治理整体性变革，赋能学习者全面发展，形成教育全新生态。

教育数字化的过程强调联结为先、内容为本、合作为要。互联网的本质是联结，教育数字化就要做到应联尽联，用数字技术优化教育资源品质，增强内容吸引力、影响力。此外，各方力量要形成协同推进教育数字化的蓬勃动力，以构建多元参与的教育数字化发展生态。

教育数字化要坚持应用为王，以应用需求驱动数字化建设。坚持服务至上，致力解决教与学的痛点、难点、堵点。坚持简洁高效，建立标准规范，集成整合现有资源，把散落的"珍珠"串成"项链"。坚持安全运行，网络安全和信息化是一体之两翼、驱动之双轮，要统筹发展和安全，守牢网络安全底线。

5.4.3.2　知识图谱

党的二十大首次将"推进教育数字化"写进了党代会报告。人才培养模式以及需求的变化，使推动教育实现数字化转型成为当前教育改革发展的首要任务。在当今信息爆炸的时代，知识图谱作为一种强大的知识管理和智能应用技术，正日益引起广泛关注。知识图谱能够将海量、分散的信息整合为有机结构，通过语义关联和推理，实现智能搜索、智能问答、推荐系统等功能，为人工智能和数据分析领域带来了革命性的进展。知识图谱已经开始应用在精准化课程教学、多样化教学创新、个性化学习路径、智能化资源推送、全面化学习管理等诸多方面。知识图谱可以从课程到专业学科，赋能课程建设与教学创新，助力高校智慧化建设工作。

5.5　水利职教"金教材"建设现状及打造模式

5.5.1　教材建设的基本遵循

《国家职业教育改革实施方案》《职业院校教材管理办法》《职业教育提质培优行动计划（2020—2023 年）》《国家教材委员会关于开展首届全国教材建设奖评选工作的通知》《"十四五"职业教育规划教材建设实施方案》等相关文件对教材建设提出了具体要求，详见表 5.5.1。

表 5.5.1　　　　　　　　相关文件对教材建设的具体要求

序号	文件名称	发布时间	相　关　表　述
1	《国家职业教育改革实施方案》	2019 年2 月	倡导使用新型活页式、工作手册式教材并配套开发信息化资源

序号	文件名称	发布时间	相 关 表 述
2	《职业院校教材管理办法》	2019年12月	①倡导开发活页式、工作手册式新形态教材；②数字教材参照本办法管理
3	《职业教育提质培优行动计划（2020—2023年）》	2020年9月	根据职业学校学生特点创新教材形态，推行科学严谨、深入浅出、图文并茂、形式多样的活页式、工作手册式、融媒体教材
4	《国家教材委员会关于开展首届全国教材建设奖评选工作的通知》	2020年10月	评审范围包括纸质教材、数字教材等形式
5	《"十四五"职业教育规划教材建设实施方案》	2021年12月	①深入浅出、图文并茂、形式多样的活页式、工作手册式等新形态教材；②推动教材配套资源和数字教材建设，探索纸质教材的数字化改造，形成更多可听、可视、可练、可互动的数字化教材；③建设一批编排方式科学、配套资源丰富、呈现形式灵活、信息技术应用适当的融媒体教材
6	新版《职业教育法》	2022年4月	将新技术、新工艺、新理念纳入职业学校教材，并可以通过活页式教材等多种方式进行动态更新
7	《教育部办公厅等五部门关于实施职业教育现场工程师专项培养计划的通知》	2022年9月	开发建设高水平教材以及配套的数字化资源
8	《关于委托开展首批重点领域职业教育专业课程改革试点工作的函》	2023年5月	教材呈现形式要新颖、生动活泼、丰富多彩，积极开发活页式、工作手册式教材，探索开发配套的技术规范卡片、口袋书、实训操作连环画、虚拟仿真系统等新形态教学资源

5.5.2 "金教材"形式分析

5.5.2.1 纸媒与数媒融合的一体化教材

纸媒与数媒融合的一体化教材是以纸介质教材为核心、数字化资源相配合的新型教材产品。体现了教材内容与数字资源一体化、教材研编与课程开发一体化、教学过程与资源应用一体化。

通过纸介质教材和数字化资源的一体化设计，充分发挥纸介质教材体系完整、数字化资源呈现多样和服务个性化等特点，并通过二维码、AR等网络技术以及新颖的版式设计和内容编排，建立纸介质教材和数字化资源的有机联系，支持学习者用移动终端进行学习，形成相互配合、相互支撑的知识体系，从而提高教材的适用性和服务课程教学的能力。

5.5.2.2 活页式、工作手册式教材

活页式、工作手册式教材是能力本位课程的教材形式，其成功开发的关键策略是严格执行能力本位课程开发的核心技术路径，即引导企业专家深度参与教材开发过程。活页式、工作手册式教材的质量水平很大程度上取决于对企业专家智慧的运用水平。

与传统的学科式教材开发相比，活页式、工作手册式教材的开发难度要大得多。

这是因为其逻辑结构和内容均来自工作领域，而工作领域的知识及其结构是融合在工作过程中的，处于默会状态，且极为分散。它们不像学科知识那样得到了清晰的表达，有些知识还处于快速的变化状态，需要教材开发者及时捕捉。正因为职业知识具有这种特征，传统职业教育采取了学徒制培养模式，即使到了现代，职业知识的这一特征使得学徒制仍然必须在一定范围内保留，从而演化出了现代学徒制。但是，要发挥学校职业教育在技能人才培养中的优势，就必须对职业知识进行系统开发，使之以教材形式呈现出来。

1. 活页式教材

活页式教材是我国职业教育界对可灵活组合教材的形象化称谓，此概念在我国职业教育界的首次使用至少在 15 年前。职业教育与普通教育的教材内容有很大区别。普通教育的功能主要是传授人类的经典知识，因而其教材内容具有很强的稳定性。即使 10 年不进行教材修订，也不会在教育教学过程中产生非常严重的问题。新知识进教材往往借助教师的教学内容准备工作就可得到较好的解决。普通教育教材改革的主要动因不是新知识的出现，而是课程模式改革。职业教育教材建设所面临的则是另外一种完全不同的情形。职业教育的功能是培养满足当前职业岗位需要的技术技能人才，在这种人才的培养中，有些课程内容在较长时期内具有稳定性，但相当部分内容需要根据产业变化而及时变化，导致这种变化的主要因素有：①全新技术的应用；②工艺标准和产品质量标准的变化；③新业态带来的全新工作内容。随着智能化技术广泛应用带来的全球工作体系的升级，能力本位课程模式已面临深刻改造的要求，职业能力作为独立课程要素进行开发的重要性凸显出来。这就要求职业教育课程内容组织的基本单位由工作任务变为职业能力。以职业能力为基本组织单位设计的活页式教材，在形态上体现为以职业能力为基本教学单位，即一部教材的内容由若干条职业能力构成，教材的基本内容包括理论知识、操作技能、问题解决策略和职业规范等均被有机整合到各条职业能力中。教学开展以职业能力清单为顺序进行。

职业能力清单开发是活页式教材开发的基础，所开发的职业能力清单必须构成完整的教学体系，即必须符合以下要求：①各条职业能力必须是工作过程中真正的能力支撑点；②各条职业能力的教学内容之间不存在大幅度的交叉重复问题；③各条职业能力之间的缝隙合理，没有严重的职业能力遗漏；④各条职业能力之间的教学内容分布均衡；⑤职业能力的总体能满足人才培养的规格要求；⑥职业能力编排符合教学逻辑。通常，一部教材由 30～50 条职业能力构成。这些职业能力又可归属到工作任务或教学项目中，因此活页式教材与项目教学改革并不冲突。

2. 工作手册式教材

工作手册式教材要求职业教育教材内容要像企业的操作指导手册那样具有实践指导性。《国家职业教育改革实施方案》把手册式教材作为教材开发的重要方向，是为了解决职业教育教材中的另一个重要问题，即实用性知识的缺失。实践性是职业教育教学的核心特征，突出教学实践一直是职业教育课程改革的重要方向。开发手册式教材，并非意味着直接把企业的操作手册作为教材,需要对企业操作手册进行加工提炼,形成具有普遍性、科学性、教育性的方法知识。具体开发行为包括:

（1）选择具有普遍意义的操作手册。即使同一产品的生产,不同企业之间的操作方法也有比较大的差别。因此,教材开发要选择具有普遍性、更为规范的操作方法。这样开发出来的教材不仅能够提升学生的就业适应能力,而且可以促进行业生产规范水平的提升。

（2）对手册内容进行科学化处理。企业生产是实用取向的,来自企业的操作手册可能存在不科学、不合理的环节,教材开发应当对这些环节进行加工处理,去除或修改不符合科学规范的操作环节。

（3）对手册内容进行教育性处理。企业生产操作手册的功能只是指导工人如何进行操作,其中不含支撑操作的方法说明,在职业规范方面也可能存在欠缺。因此,教材开发时应对教育开展所需要的内容进行补充。

5.5.3 "金教材"编写要求

5.5.3.1 坚持立德树人,落实课程思政

充分挖掘课程中的思政教育元素,做到既传播课程内容底蕴,又在其中浸润良好的思想价值观念,使教材为教师实施课程思政打下良好基础。高质量落实习近平新时代中国特色社会主义思想和党的二十大精神进教材。

（1）务求准确全面。要原原本本、逐字逐句学习党的二十大报告和党章,学习习近平总书记在党的二十届一中全会上的重要讲话精神,务求全面准确领会,为做好教材编写修订打好思想基础,提高认识水平,确保教材修订内容的准确性、权威性。

（2）结合学科特点。深入研究每门学科课程教材"进什么、怎么进、进到哪"的问题,做到与学科教育的有机融合,做好向教材内容的转化,避免简单贴标签。加强学科之间的相互配合,同向发力、互有侧重,避免简单重复,形成育人合力。

（3）坚持效果导向。始终贯穿让党的二十大精神入脑入心、成为学生的思想和行动自觉这一标准,既紧扣思想的核心要义,又注重讲故事、用案例,以小见大、图文并茂,增强情景感、现实感,确保习近平新时代中国特色社会主义思想和党的二十大精神进教材落实到位,发挥铸魂育人实效。

5.5.3.2 坚持类型定位,体现职教特色

《国家职业教育改革实施方案》开宗明义地提出职业教育与普通教育是两种不同教育类型,具有同等重要地位。职教精品教材建设必须坚持类型定位不动摇,在编写队伍、编写依据、内容选取、编写模式、教材形式等方面体现鲜明的职业教育特色。

（1）组建包括职业院校教师、行业先进企业工程技术人员、普通高校教授名师、教科研机构专家学者等复合型编写队伍,强强合作、优势互补,推动校企"双元"合作开发教材。

（2）教材编写应以专业目录、专业教学标准、课程标准等国家职业教育标准和职业标准（规范）为依据,使教材更好贯彻国家标准、体现国家战略、对接产业需求、

适应社会发展。

（3）编写模式上力求符合技术技能人才成长规律和学生认知特点，适应"工学结合"的人才培养模式和项目学习、案例学习、模块化学习等不同学习方式要求，以真实生产项目、典型工作任务、实践实操案例等为载体组织教学单元。

（4）教材内容上强调"新"和"实"，及时反映技术进步、产业升级对职业岗位的新要求，及时吸收新技术、新工艺、新规范，增强实践性。

（5）教材形式上推陈出新，不断完善新形态一体化教材，适度开发活页式、工作手册式教材，尝试开发"岗课赛证"融通的教材，探索开发数字教材。

5.5.3.3　坚持融合创新，支撑教学改革

（1）一体化建设。充分利用现代信息技术开发教学资源和典型案例，建设新形态教材；注重在线课程、纸质教材、配套数字资源建设和应用一体化。

（2）便捷化应用。顺应"互联网＋教育"要求，以新形态教材为核心，依托信息化教学工具，便捷化调用线上课程和数字资源，深化教材和资源的教学应用。

（3）信息化教学。新形态教材助推实施"线上线下"混合式教学模式，结合在线平台实现课程资源、数据分析、教学评价、师生交流等全过程管理。

第6章 职业教育水利类专业动态调整创新实践研究——以黄河水利职业技术学院为例

6.1 专业结构布局沿革分析

6.1.1 学校专业发展进程

黄河水利职业技术学院沿革于1929年成立的河南省建设厅水利工程学校，办学之初，以"江、淮、河、汉"命名四个班级，昭示"源开四水，心系天下"的办学初衷，一所与"黄河"息息相关的学校就此诞生，开启职业教育的生涯。

2001年，学校领导班子在认真研究和深刻分析国内外高等职业教育发展历史与现状的基础上，敏锐地洞察到高等职业教育必将伴随着我国经济的飞速发展而被重新认识。为抢占先机，决胜未来，该院确立了坚定不移地办好高等职业教育的发展道路，提出了创建全国一流高等职业院校的发展目标，形成了"三明确、一树立"的共识。所谓"三明确"，一是明确高等职业教育的办学特色，特别是学院改建为高等职业院校后，必须进一步依托行业、企业，面向社会，按需办学，走产学研结合的道路，培养生产、建设、管理、服务等各类一线需要的高等技术应用型人才；二是明确高等职业教育必须以能力为主线设计教学体系，强化实践性教学，加强双师队伍建设；三是明确高等职业院校应把素质教育贯穿于人才培养的全过程，把人才培养工作作为根本任务，把提高教育教学质量作为永恒主题。所谓"一树立"就是树立现代高等职业教育的人才观、质量观和教学观。在解放思想、更新观念的基础上，该院提出了"立足社会需求，面向未来发展，办人民满意的高等职业教育"的办学方针，凝练了"以就业为导向，以教学为中心，以专业建设为核心，教书育人、管理育人、服务育人、生产育人"的教育理念和"以社会需求为依归，以产学研结合为途径，以改革创新为动力，以质量和特色为根本，以课程建设、实践条件建设、师资队伍建设、基础设施建设、质量保障等五大体系为支撑，培养高技能人才"的专业建设理念。

该院以专业建设为核心统领各项事业的改革与发展，使学院庞大而复杂的系统得以简化和明晰，理顺了各方关系，调动了各方的积极性，不仅在专业建设上取得了丰硕成果，也有力地促进了学院的质量、规模、结构、效益协调发展。该院先后被评上国家级精品专业1个、省级教学改革试点专业6个、河南省示范专业3个。

至2004年,学院下设13个教学系部,有水利系、土木工程系、水资源与环境工程系、交通工程系、信息工程系、机电工程系、自动化工程系、测绘工程系、财经系、管理系、基础部、社会科学部、体育部。形成了以水利、建筑、机电、测绘等工科专业为主,经济、管理等其他专业为辅的学科结构;开设有水利水电工程、工程监理、公路与桥梁、水文与水资源、机电一体化、工程机械、机械设计制造及自动化、模具设计与制造、电气工程及自动化、测量工程、环境工程等30多个专业。其中水利水电工程专业为国家精品专业。

2006—2015年,学校进行国家示范性高等职业院校建设,其中2010—2015年为示范院校建设的示范成果推广期,围绕"教书育人、管理育人、服务育人、生产育人"的育人理念,创建了"以专业建设为核心"的高职教育理念物理模型,学校规模急速扩大,专业(含方向)数量一度从34个发展到73个。通过状态数据年度对比,学校已意识到专业建设中存在的问题,如:专业设置涉及门类较广,聚集度不够高,没有形成系统建设的特色专业体系;专业动态调整相对较缓,新专业开发与老专业的改造力度不大。近年来,国家不断扩大高等学校专业设置的自主权,学校结合"中国制造2025""互联网+""大众创业、万众创新"和精准扶贫等国家战略,围绕中原经济区经济发展需求,重点打造现代水利、工程测量、装备制造、交通运输、电子信息、环境保护、旅游管理等对接行业和地方主导产业的专业群,构建以服务现代水利为特色,以服务现代制造业、现代服务业为重点的专业体系。以招生计划完成率、报到率、就业率、转专业率、办学情况评价结果等数据为参考,建立专业设置预警和动态调整机制。截至2019年年初,专业规模稳定在65个左右(表6.1.1),省级以上重点专业布点数量逐渐增加。学校列入国家级专业及所在专业群共有5个:①水利水电建筑工程专业(水工专业)及所在专业群;②工程测量技术专业及所在专业群;③道路桥梁工程技术专业及所在专业群;④电气自动化技术专业及所在专业群;⑤环境监测与治理技术专业及所在专业群。

表6.1.1　　　　　　　　　　专 业 建 设

序号	项 目	2013年	2014年	2015年	2016年	2017年	2019年
1	专业设置总数	65	65	64	66	60	65
2	停招专业布点数	10	9	9	10	5	3
3	新增专业布点数	—	0	0	2	7	8
4	国家级重点专业	5	5	5	5	5	5
5	省级重点专业	4	8	13	13	15	15
6	省级特色专业	8	11	7	7	7	7

2016—2019年,学校依托国家优质专科高等职业院校建设,构建适应职业教育高质量发展的专业动态调整机制,形成"智慧管理、动态调整、分层培养、多维融合"的专业建设模式和系列研究成果。学校服务国家"2025中国制造"和"一带一路"倡议,紧贴产业转型升级,建立专业动态调整机制,优化专业结构,实现"招生—培养

一就业"联动发展，学校优化调整专业 8 个，专业布点数量优化为 65 个。

2019—2024 年，学校以全国前十、河南省唯一、中部地区唯一、水利行业唯一的优势竞争力成功入选中国特色高水平高职学校（A 档）建设单位，紧贴黄河流域生态保护和高质量发展国家战略以及河南省产业结构调整规划，精准对接产业需求，基于产业链或产业集群，黄河水利职业技术学院将全校专业整合、重构，形成了 12 个专业群，并将其划分为高水平特色专业群、优势骨干专业群和复合成长型专业群 3 个目标层次，形成了以水利水电建筑工程专业群为主体、测绘地理信息技术和建筑工程技术专业群为两翼的"一体两翼"专业群建设架构（图 6.1.1）。其中，重点打造了水利水电建筑工程和测绘地理信息技术 2 个高水平特色专业群，培养高端技术技能人才；建设建筑工程技术、机械设计与制造、环境工程技术、道路桥梁工程技术、电气自动化技术、计算机网络技术、电子商务、会计等 8 个优势骨干专业群，以服务区域经济发展；建设新能源汽车技术和旅游管理 2 个复合成长型专业群，以促进专业融合发展。在国家标准的指导下，融合人才培养供给侧和产业转型升级需求侧的结构要素，黄河水利职业技术学院构建了专业评估与人才培养质量评价诊断标准以及对接产业、动态调整、自我完善的专业群建设发展机制；与世界一流和国内知名企业合作，共同构建 12 个专业群人力资源育训方案和"基础＋平台＋模块＋方向"系统化课程，研制一批达到国际领先水平的专业群教学标准，从专业群定位与特色、组群逻辑、课程与资源共享、产教融合与培养模式、师资队伍建设等 9 个方面作了精确规定，为专业群的可持续发展提供了重要指南。

黄河水利职业技术学院共设置 65 个专业，覆盖 13 个专业大类，在校生规模最大的 5 个专业大类，依次为水利大类（14.95％）、土建大类（14.72％）、财经大类（14.23％）、制造大类（13.85％）、资源开发与测绘大类（12.09％）。水利大类主要是服务水利行业对技术技能人才的需求，其他 4 个专业大类除服务水利工程建设对各类人才的需求外，主要服务于区域经济对基础设施建设、先进制造业、资源开发与保护等对技术技能人才的需求。

6.1.2 水利类专业发展演变

黄河水利职业技术学院于 1952 年设立工程教研组；1953 年 3 月撤销教研组，设立农田水利科、水利工程勘查科和水工结构科；1953 年秋设置建筑施工学科委员会、工程力学学科委员会；1954 年秋增设水力技术建筑物学科委员会；1956 年秋，撤销学科委员，成立水工、水力、施工、制图 4 个教研组；1957 年春，水工教研组、水文教研组、水力教研组合并成立水工、水文、水力教研组；1960 年 4 月，设置河川系和水工、施工 2 个专业科；1961 年 6 月，水工专业科和施工专业科合并成立中专部；1964 年 4 月，设立水文水力、水工、制图 3 个教研组。1975 年 11 月至 1979 年 5 月，设立水工专业领导小组和制图教研组；1979 年 6 月撤销专业领导小组后，先后成立水工、施工、力学、制图、水力学、水保 6 个教研组；1985 年 9 月，设立水工、水土保持 2 个专业教研室，水工专业教研室下设水工、水电站、治河泥沙、施工建材、地质土力学、

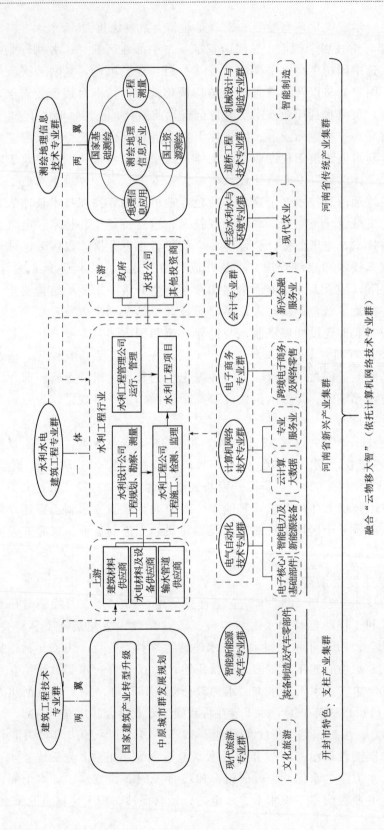

图 6.1.1　专业群"一体两翼"架构

建筑结构 6 个教研组和水利馆，水土保持专业教研室下设水保工程、生物 2 个教研组；1988 年 4 月，水工专业教研室更名为水利水电工程建筑专业科，下设水工、施工建材、水电站、建筑结构、地质土力学、水力学与治河泥沙、力学、制图 8 个教研组和水利馆；1996 年 1 月，成立专业一部，下设水工、水保、水资源、工测、机械 5 个专业科；1998 年 9 月，在水工专业科、水资源与环境专业科、水保专业科的基础上组建水利系。目前，学院开办有水利水电建筑工程、水利水电工程技术、水生态修复技术、智慧水利技术、水利工程、水土保持技术、安全技术与管理、工程造价、建设工程监理、治河与航道工程技术、水电站设备安装与管理、水文与工程地质、水文与水资源技术共 13 个专业和方向。其中水利水电建筑工程专业为国家级精品专业、骨干专业、国家级现代学徒制教学改革试点专业，水利水电工程技术专业为省级综合改革试点专业；2019 年，水利水电建筑工程专业群入选中国特色高水平专业建设计划。根据"'金平果'2024 高职专业及专业群排行榜"显示，多年来水利类专业在专业大类、专业类和专业群各级分类评价中均居全国第一。

6.1.3 水利专业建设成就

6.1.3.1 厚植水利教育，黄河技干摇篮

历九十年岁月，育数万余英才，获誉"黄河技干摇篮"，牢记服务中原大地的使命，以订单式、现代学徒制试点等多样化的人才培养形式，为行业企业提供契合的技术技能人才支撑，以校企合作参与项目建设，以技术服务提供智力支持；迎合时代发展潮流，以赞比亚大禹学院为依托，为全球治水贡献中国智慧与中国力量。

6.1.3.2 面向现代水利，优化专业体系

面向现代水利发展，动态调整专业建设内容，将现代水利、生态水利、智慧水利、新技术、新工艺有机融入专业建设，优化形成完备覆盖水利水电工程"设计—招投标—施工—运行管理"全生命周期的中游产业链的专业体系，开设水利水电建筑工程（国际工程）、水利工程（水生态修复技术、海绵城市工程）、水利水电工程技术（水利施工技术、检测技术）、安全技术与管理和工程造价 5 个专业，形成优势互补、产业共建和资源共享的专业融合机制，专业建设改革成效显著。

6.1.3.3 制定标准方案，行业高度赞誉

参与制定《国家职业大典》中 7 个工种的职业标准；参与编制《水利行业人才需求与职业院校专业设置指导报告》，牵头制定教育部《550202 高等职业学校水利水电工程技术专业教学标准》等 3 个专业教学标准，主持制定 1 个水利类高职核心专业"两标准一方案"；与水利部人才资源开发中心就水利技术技能人才培养基地和技能鉴定中心等签订战略合作框架协议；专业（群）支撑学校成为中国水利教育协会职教分会会长单位、全国水利职业教育教学指导委员会副主任单位，2008 年学校牵头成立包括全国 20 多所水利院校和 81 家企事业单位的中国水利职业教育集团。

6.1.3.4 专业教育翘楚，资源建设标杆

在 2018 年全国水利高等职业院校水利与管理类专业评估中获评 A 类第一名；专

业是国家级骨干专业、国家级精品专业、国家级现代学徒制教学改革试点专业；拥有1 支国家级专业教学团队；构建了基于"8"字形螺旋的内部质量保证体系，运行有效；顺利通过全国职业院校教学工作诊断与改进专家委员会的复核，形成一批质量优异的成果：主持建成全国首个高等职业教育国家级水利水电建筑工程专业教学资源库、8 门国家级精品资源共享课、4 门国家精品在线开放课；建设河南省小流域生态水利工程技术研究中心等 3 个省市级研究中心、1 支市级创新型科技团队，获批国家自然科学基金项目 3 项、获河南省科技进步奖 2 项，参与赤道几内亚、孟加拉国等区域和国际项目 40 余项；获全国大学生先进成图技术与创新大赛团体"九连冠"，近 5 年学生获全国和行业技能竞赛一等奖 30 项。

6.1.3.5　参建大禹学院，创立国际品牌

积极投身"一带一路"，助力大禹学院建设，布设实验实训基地，以多元方式创新开展国际化人才培养，打造国际化人才培养方案和教学模式，参与国际教学标准制定。近 5 年，形成了较为完善的交流互访机制，参与赤道几内亚、孟加拉国、苏丹等区域和国际项目 40 余项；本专业群 8% 的毕业生先后赴国外参与多个项目建设，培养东南亚和非洲 143 名来华留学生，依托赞比亚大禹学院培训 44 名本土化技术技能人才，《基于校企合作的技术应用型留学生人才培养研究与实践》获 2018 年职业教育国家级教学成果二等奖，国际化服务能力位居同类院校榜首，树立了国际服务能力新典范，打造了中国职业教育品牌。

6.1.4　国家级专业群建设

6.1.4.1　机遇与挑战

1. "一带一路"倡议带来的机遇与挑战

"一带一路"倡议的历史机遇，需树立"一带一路"的水电工程建设的高素质技术技能人才新标准，打造一支具有"行业气质＋工匠特质"德技兼修、育训皆能的高水平国际化师资队伍；精准打造"共享共赢"的国际专业标准、教学标准和教学资源，引领专业群整体发展，领跑全球水电技能人才培养方阵。

2. 新时代水利事业高质量发展的机遇与挑战

截至 2022 年年底，全国水利系统从业人员 87.3 万人，新时代水利行业向高质量发展阶段加速迈进，水利部《新时代水利人才发展创新行动方案（2019—2021 年）》指出："当前水利行业人才'不够用、不适用、不被用'"，《水利行业人才需求与职业院校专业设置指导报告》也明确指出"基层技能人员中 75% 以上的人员是中专、高中及以下学历，高职人才缺口指标达毕业生 10000 人/年"，作为全国高水平水利水电专业（群），需提供完善的人才培养支撑和保障体系，健全以创新精神、工匠精神、劳模精神、水利精神培养为中心的资源整合、评价机制，构建国家资历框架"水利版拼图"，开发技能等级标准和书证融通模式，研制专业群人力资源育训（指学历教育和技术培训）方案，以应对水利行业结构性就业矛盾。

3. "生态文明""四水同治""中原出彩"的机遇与挑战

随着"生态文明"国家战略的部署和"四水同治""中原出彩"河南省发展的规

划，结合"云物移大智"技术的提升，需从传统水利向智慧水利转变，需从"治水为主"向"人水共治"转变。针对河湖管理中的突出问题，聚焦管好"盛水的盆"和"盆里的水"，以加强水利工程信息化建设为抓手，建立信息化人才培养体系；以全面推行河长制、湖长制为抓手，增加监管人才的培养水平，全面提升人文素质、思想思政、水文化教育，提升学员职业素养和工匠精神，以培训纠正人的错误行为，这就要求专业群在制定人才培养方案时，与行业监管的具体需求高度契合，使培养的高素质技术技能人才具备符合行业要求的职业水平和能力。

4. 深厚积累与"黄金交汇"带来的机遇与挑战

《关于申报 2018 年职业教育改革成效明显的省（区、市）的通知》（教职成司函〔2019〕21 号）提出："对改革成效明显的省份进行重点激励"，2018 年 6 个省份中含河南省；《关于实施中国特色高水平高职学校和专业建设计划的意见》第 15 条明确提出"对职业教育发展环境好、重点工作推进有力、改革成效明显的省（区、市）予以倾斜支持"。黄河水利职业技术学院专业群地处河南省，符合国家政策激励条件。专业群在人才培养、师资力量、校企合作、国际交流等方面有深厚积累，恰逢现在国家、河南省、学校、专业"黄金发展"的交汇点，专业群又正处系列国家战略的聚集地，天时、地利、人和的条件都为水利水电建筑工程专业群的转型、升级、发展提供了难得的历史机遇。

6.1.4.2 组群逻辑

为服务传统水利向现代水利、民生水利、生态水利转变，提升水利行业的人才队伍智能化水平、国际国内工程建设水平，以及在"云物移大智"时代下的工程运行管理水平，以岗位群能力需求为起点，依据现代水利行业国际性、复合型、专业化的人才培养和基层人才队伍再培养的需求，构建专业群内各专业的关联主线，对接工程设计、工程造价、施工技术与管理、检测与质检、安全技术与管理等全生命周期的不同岗位技术技能型人才要求，构建与之对应的知识技能结构，组建产教融合、书证融通、动态调整、协同发展的专业群（图 6.1.2）。

群内专业在合作企业、用人单位、专业课程、专兼职教师、校内外实习实训基地等教育教学资源方面具有较高的共享度，通过优化配置资源，组群能够最大程度实现资源共享和优势互补（图 6.1.3）。在已有的共性基础上，建设具有基础支撑的共享课程、动态可调的模块课程、专业差异的导向课程，实现灵活应对行业变化、学历与职业教育相互融通的技术技能人才培养。

6.1.4.3 建设思路

认真贯彻习近平总书记关于教育的系列重要精神，牢记立德树人根本任务，按照"办人民满意的教育"总要求，针对新时代背景下结构性就业矛盾和专业生源结构的重大变革，依托大禹学院，围绕为国内外适龄人口提供学历教育和非适龄人口提供职业教育培训两大核心任务开展专业群建设。

1. 构建专业群知识体系

以"1＋X"书证融通模式为主线，以构建现代水利水电建筑工程人才的资历框架

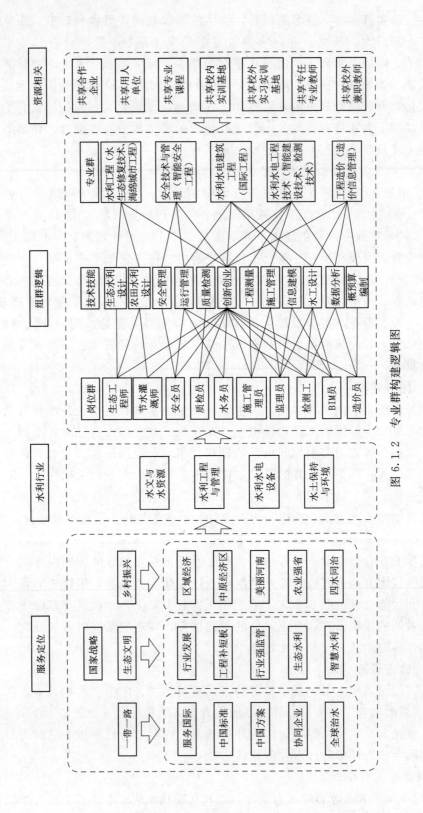

图 6.1.2　专业群构建逻辑图

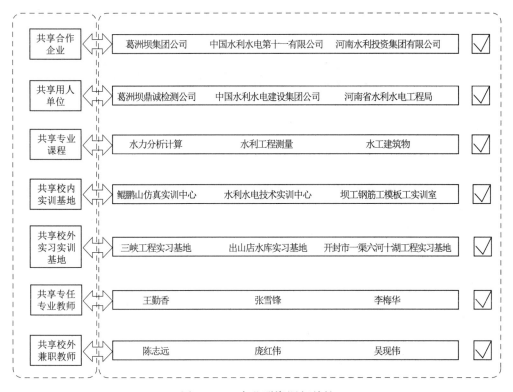

图 6.1.3 专业群资源相关性

体系为抓手，以研制创新的人力资源育训方案为载体，构建专业群的整体知识体系，实现群内各专业、课程、教学、培训的模块化构建、分群体组合、一体化培养、多样化就业。

2．打通专业群组织体系

以"1＋N"中外分布式办学模式为框架，以校本部的大禹学院总部（"1"）和分布于境外的若干所大禹学院（"N"）为组织形态，以育训结合、教培一体的教师队伍为依托，实现专业群内的组织打通、人员混编、制度完备、治理先进。

3．建立专业群质量保障

以"中国特色、世界水平"质量成果为支柱，以国家级资源库、国际化教学资源为核心，以创新服务平台矩阵、技训研创中心为亮点，以可持续发展的专业群内部质量改进机制为保障，实现专业群人力资源育培、科学技术引领、社会服务辐射、国际品牌树立。

6.2 多元主体协作共同体构建

学校主动融入创新驱动、黄河流域生态保护和高质量发展等国家战略，以服务民生、生态、智慧等为重点，以培养新时代水利高素质技术技能人才为目标，遴选多元主体共建全过程技术创新链与全功能孵化创业平台，创建产学研转创共同体（图 6.2.1）。

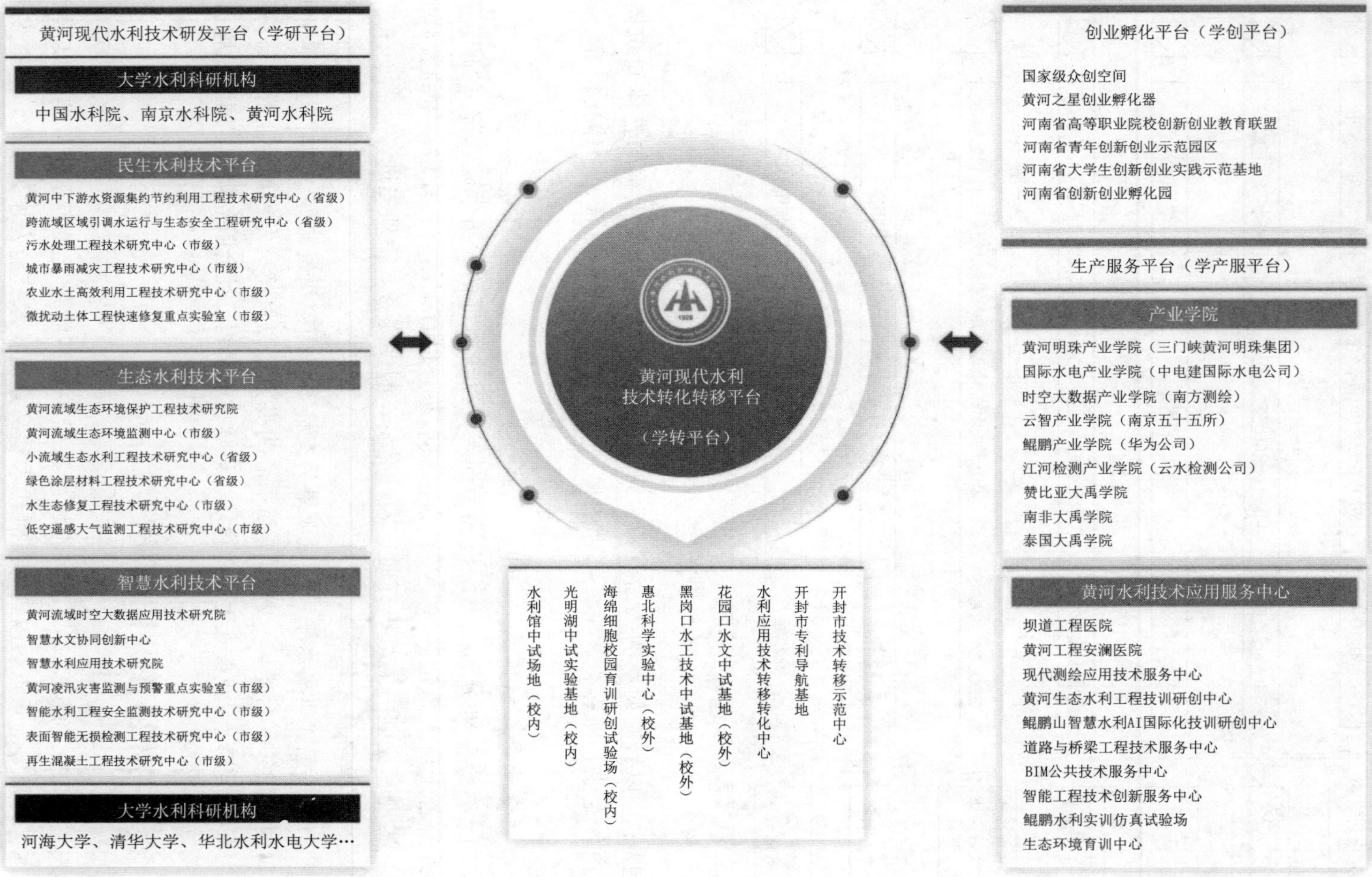

创业孵化平台（学创平台）
- 国家级众创空间
- 黄河之星创业孵化器
- 河南省高等职业院校创新创业教育联盟
- 河南省青年创新创业示范园区
- 河南省大学生创新创业实践示范基地
- 河南省创新创业孵化园

生产服务平台（学产服平台） 产业学院
- 黄河明珠产业学院（三门峡黄河明珠集团）
- 国际水电产业学院（中电建国际水电公司）
- 时空大数据产业学院（南方测绘）
- 云智产业学院（南京五十五所）
- 鲲鹏产业学院（华为公司）
- 江河检测产业学院（云水检测公司）
- 赞比亚大禹学院
- 南丰大禹学院
- 泰国大禹学院

黄河水利技术应用服务中心
- 坝道工程医院
- 黄河工程安澜医院
- 现代测绘应用技术服务中心
- 黄河生态水利工程技术服务中心
- 鲲鹏山智慧水利AI国际化技术研创中心
- 道路与桥梁工程技术服务中心
- BIM公共技术服务中心
- 智能工程技术创新服务中心
- 鲲鹏水利实训仿真试验场
- 生态环境育训中心

黄河现代水利技术转化转移平台（学转平台）

开封市技术转移示范中心
开封市专利导航基地
水利应用技术转移中心
花园口水工技术中试基地（校外）
黑岗口水工科学实验中心（校外）
惠北科学园（校外）
海绵细胞育训创研中心（校内）
光明湖中试试验基地（校内）
水利馆中试试验场地（校内）

黄河现代水利技术研发平台（学研平台）

大学水利科研机构
中国水科院、南京水科院、黄河水科院

民生水利技术平台
- 黄河中下游水资源集约利用工程技术研究中心（省级）
- 跨流域区域引调水运行与生态安全工程研究中心（省级）
- 污水处理工程技术研究中心（市级）
- 城市暴雨积水工程技术研究中心（市级）
- 农业水土高效利用工程技术研究中心（市级）
- 微机动土体工程快速修复重点实验室

生态水利技术平台
- 黄河流域生态环境工程技术研究院
- 黄河流域生态环境监测中心（省级）
- 小流域水利工程技术研究中心（省级）
- 绿色渡层材料工程技术研究中心（省级）
- 水生态修复工程技术研究中心（市级）
- 低空遥感大气监测工程技术研究中心（市级）

智慧水利技术平台
- 黄河流域时空大数据应用中心
- 智慧水利文协同创新中心
- 智慧水利应用技术研究院
- 黄河凌汛灾害监测预警重点实验室（省级）
- 智能水利工程安全监测技术研究中心（省级）
- 表面能无损检测工程技术研究中心（市级）
- 再生混凝土工程技术研究中心

大学水利科研机构
河海大学、清华大学、华北水利水电大学…

图 6.2.1 产学研转创共同体平台结构

与三门峡黄河明珠集团等行业龙头企业建成 6 个国内产业学院、3 个国际产业学院，与黄河水利委员会等 10 家机构共建坝道工程医院、黄河工程安澜医院等黄河水利技术应用服务中心，产业学院与技术服务中心组建生产服务平台（学产服平台）；与中国水利水电科学研究院等 19 个科研机构组建黄河现代水利技术研发平台（学研平台）；与中国电建集团等 9 个机构共建应用技术转化中心、专利导航基地等，组建黄河现代水利技术转化转移平台（学转平台），建设全过程技术创新链；与创业公司和行业龙头企业联合共建国家级众创空间、黄河之星创业孵化器等，组建全功能创业孵化平台（学创平台）。依托平台瞄准产业升级发展需求，对接水利中游产业链，多元主体联手共建产学研转创共同体。

学校坚持深化现代职业教育体系建设，服务江河战略等国家战略，对接智慧水利、测绘地理信息、智能制造等产业转型升级需求，持续深化产教融合，构建了理事会、校企合作工作委员会、专业建设指导委员会等三级管理体系，形成"专业共建、人才共育、过程共管、成果共享、责任共担"的产教融合长效合作机制。分别与武汉大学、河海大学、河南大学及广州南方测绘科技股份有限公司、三门峡黄河明珠（集团）有限公司、奔腾（河南）智能制造有限公司等联合牵头成立了全国测绘地理信息行业、全国水利行业和高功率激光加工设备制造行业等 3 个产教融合共同体，与中国电建集团等企业共建 6 个产教融合实践中心。发挥跨区域汇聚产教资源优势，联合开发行业标准、人才培养方案、课程体系、教学资源与教材等，培养产业急需紧缺的产业高端人才。

6.3 水利类专业群动态调整模型应用

6.3.1 专业群与产业（链）的对应性

6.3.1.1 对接现代水利行业发展需求

全面遵循"大国兴水、全球治水"发展思路，强力支撑"生态文明""乡村振兴"国家战略和"一带一路"倡议，对接水利"走出去"的国际性、复合型人才培养需求；为新阶段水利高质量发展，为中原经济区行业发展的三农、四水同治、水生态文明、智慧水利的建设要求，对接高素质专业化水利人才队伍培养和基层人才队伍再培养的需求，急需依托专业群联合企业、技术研发单位，共同培养新时代水利高素质技术技能人才，全面助力国家水利行业发展。

6.3.1.2 聚焦水利水电建筑工程中游产业链

专业群按全生命周期产业链逻辑，针对水利水电工程设计、招投标、施工、运行管理等关键环节，培养目标对应岗位需求，专业课程对应技术技能，实训实习对应工作内容，为适应人才培养供给侧和产业需求侧结构变革，充分发挥专业群的聚集效应和服务功能，构建人才培养体系，提升专业群服务行业的技术精准度。

6.3.1.3　以水利水电建筑工程中游产业岗位群为导向

针对工程设计、工程造价、施工技术与管理、检测与质检、安全技术与管理等技术链，构建与之对应的知识技能结构，对接施工管理员、监理员、监测工、安全员、造价员等岗位群，配置主要服务于"一带一路"的水利水电建筑工程（国际工程）专业，主要服务于"生态水利、乡村振兴"的水利工程（水生态修复技术、海绵城市工程）专业，以及水利水电工程技术（智能建设技术、检测技术）、安全技术与管理（智能安全工程）和工程造价（造价信息管理）3 个基础专业，组建水利水电建筑工程专业群。

6.3.2　专业动态调整探索实践

6.3.2.1　推进大思政教育，实施养德修为特色工程

将思政课程、课程思政和劳动教育贯穿于学生培养全过程，推进学生对德技并修的深层次认知，通过"学思践悟"系统实践将价值观引导于知识传授和能力培养之中，帮助学生塑造正确的世界观、人生观、价值观，让生态理念、黄河文化、水利精神植根于学生心中，培育德智体美劳全面发展的社会主义建设者和接班人。

1. 文化沁润，打造校园特色育人场域

围绕政治认同、家国情怀、文化修养、道德修养等内容，深挖校史资源和校友资源中所蕴含的思政元素，依托大禹治水、红旗渠王化云等人物雕像群和校友资源，打造校园特色育人场域（图 6.3.1），形成特色校园文化内核，打造融合水利精神的育人场景。聚焦"人物事迹、治黄理念、工程技艺"，挖掘典型治黄人物事迹，开发黄河文化特色课程，打造黄河技艺育人项目，独创黄河工程文化长廊，融入黄河特色文化和先进技艺，升级"标准-师资-资源"三大育人资源体系，沁润育人过程，培养具有文化自信和精湛技能的新时代"黄河使者"。

图 6.3.1　打造校园特色育人场域

2. 思政铸魂，培育德技并修育人典范

针对职业院校中还不同程度地存在着专业教育与思想政治教育"两张皮"现象，

为更好地形成育人合力、发挥出课程育人的功能，依托校内"十百千万"课程思政建设工程，打造"一课一特色"的课程思政建设工程（图 6.3.2），课程教学团队共同梳理知识点和技能点，共同发掘思政元素，共同探讨思政元素与知识点、技能点的关联性和对应性，共同研究思政元素融入课程标准、大纲、教材、教案、课件、微课、试题库等教学资源的方法和路径，解决思政元素融入存在的表面化、硬融入等问题，提升思政元素融入的有效性和契合度，初步形成教案、课件、微课等课程思政教学资源。将课程所蕴含的思想政治教育元素和所承载的思想政治教育功能，融入课堂教学各环节，实现思想政治教育与知识体系教育的有机统一。

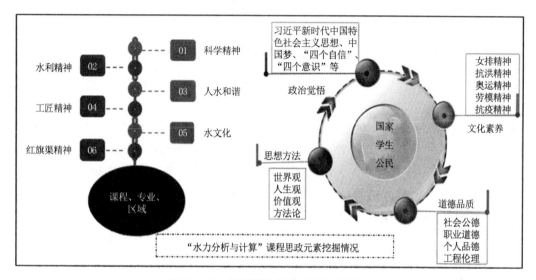

图 6.3.2　典型课程思政元素挖掘分析

3. 身体力行，开展特色劳动实践活动

基于服务绿色生态产业的水利专业特色、专业岗位要求及人才培养目标，依据专业培养进度、学生具备专业知识及劳动技能情况，创新黄河特色劳动育人模式（图6.3.3），将传统治黄技艺融入劳动教育。结合学生职业发展需求，与开封黄河河务局、三义寨灌区管理局等劳动育人基地校企联合开发，着力打造"五个一"劳动教育主题周水利特色劳动实践课程，采用校内＋校外，1＋1模式实施，递阶培养，将劳动教育课程分阶段开设在 1 至 5 学期，从不同角度围绕劳动教育实践开展活动，让学生全方位从劳动实践中感悟劳动教育的意义，树立正确的劳动观点和劳动态度，尊重劳动、热爱劳动。对于学生参与劳动实践成效，从劳动思想评价、劳动知识评价、劳动技能评价、劳动能力评价 4 个维度、8 项指标、4 个等级进行全面考核评价。使学生逐步养成劳动习惯，树立正确的劳动观念，具有必备的劳动能力，培育积极的劳动精神，养成良好的劳动习惯和品质，助力学生综合素质递阶式成长。

4. 知行合一，实施生态保护社会实践

为深入调研黄河流域生态保护和高质量发展所取得的巨大成就和宝贵经验，调研新时代黄河流域经济社会发展取得的伟大成就，实地感受博大精深的黄河文化和黄河

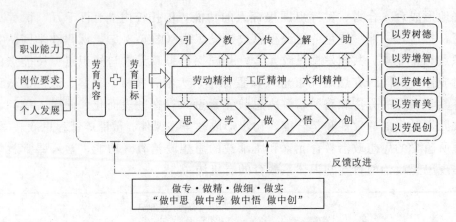

图 6.3.3　特色水利专业劳育模式

文明，进一步增强青年学生对传统文化、传统思想价值体系的认同，广泛宣传"绿水青山就是金山银山"的绿色发展理念和"忠诚、干净、担当，科学、求实、创新"的新时代水利精神，开展"黄河流域生态保护和高质量发展沿黄行""黄河流域生态保护和高质量发展——我发现 我见证 我参与""黄河流域生态保护和高质量发展中原行"等社会实践活动（图 6.3.4）。采用现场实地调查和文献资料阅读收集相结合、集中调研和分散调研相结合的方式，现场感悟黄河生态保护历程闪耀的党的思想光辉，感悟党领导的人民治黄事业取得的伟大成就，让学生在社会课堂中受教育、长才干、做贡献，努力成为科学认识国情水情、积极践行新时代水利精神、立志扎根水利的新时期水利事业建设者。

图 6.3.4　开展生态保护社会实践

6.3.2.2　面向分层级培养，优化书证融通课程体系

1. 构建分层培养的书证融通课程体系

以培养服务绿色生态产业升级复合型、创新型、应用型技术技能人才为根本任务，以"1＋X"书证融通模式为主线，依托水利水电建筑工程专业群，与中国水利教育协会和中国电建等单位探索"1＋X"资历框架体系构建路径，结合水环境监测与治理、混凝土材料检测等职业技能等级证书能力标准与知识要求，以岗位能力需求为导向，

以理论知识、职业素养、技能训练为主线，建立"基础通用、平台反哺、模块组合、导向鲜明"四个层次的课程体系（图6.3.5），把职业技能等级证书内容融入课程体系，实现课程内容与职业标准对接、学历证书与职业资格对接、职业技能与职业精神培养融合，全面落实"1＋X"证书制度。各模块之间、模块内各课程之间，在内容安排上按照先基础知识，后专业知识，再将理论知识和技能操作融合，把原来自成体系的理论教学内容分解到模块中去，形成"专业入门—知识准备—实际操作—技能考核"新的专业课程构建模式。模块之间和模块内部由浅入深、由简到繁、由单一到综合，层层推进，保证了教学过程的有序性和职业技能形成的渐进性。

2．形成个性化定制分级人才培养方案

在精准专业定位前提下，考虑学生学习的差异化，基于"基础＋平台＋模块＋导向"课程体系，优化课程设置，制定由易到难的三级课程内容，设置不同的专业方向模块和课程标准层级，根据招生类别选用不同的专业方向模块和相关标准，结合实际情况制定相应的人才培养方案，实现人才培养的个性化定制。借助信息化优势、丰富的教学资源及智能的教学平台，对不同层次学生采用"课上＋课下、线上＋线下、过程＋结果、理论＋实践、育德＋育技"五结合的混合式教学，调动学生学习积极性及参与性，发挥学生的潜能，使不同层次学生每节课都有收获，实现有效课堂，提升教学质量。

3．打造校企校际合作模块化教学模式

结合水利生产企业实际工作过程和工程案例，紧跟国家职业教育改革方向，团队成员分工协作开展教学方法改革课题研究，打破学科教学的传统模式，基于学情构建专业方向模块课"一课多师"协作教学模式（图6.3.6），实践技能模块的教学任务由专业兼职库中教师承担。结合校企校际协作共同体汇聚的优质师资和课程资源，推进校际间课程互选，基于专业教学资源库平台实现课程资源互享，实现不同课程、不同院校间学分互认。探索"行动导向"教学、项目式教学、情景式教学、工作过程导向教学等新教法，合理增加课程难度、拓展课程宽度、提升学业挑战度，凸显专业课程的高阶性、创新性和挑战性，推动"结果导向"向"过程导向"的教学模式转变，形成职业教育特色明显、分工协作实施的模块化新教法。

6.3.2.3　聚焦新形态发展，开发多元融合教学资源

1．政行企校多元参与，打造教材开发模式

活页式、手册式教材是能力本位课程的教材形式，其成功开发的关键策略是严格执行能力本位课程开发的核心技术路径，即引导企业专家深度参与教材开发过程。活页式、手册式教材的质量水平很大程度上取决于对企业专家智慧的运用水平。

与黄河水利委员会、中国电建集团等单位组成教材研发委员会，依据教育部专业教学标准，在对毕业生和企业系统调研的基础上，及时将"新技术、新工艺、新材料、新设备"融入教材建设中，形成教材开发和使用模式（图6.3.7），基于水利工程建设典型工作任务开发新型活页式、工作手册式教材，并开发《黄河生态》等特色教材。

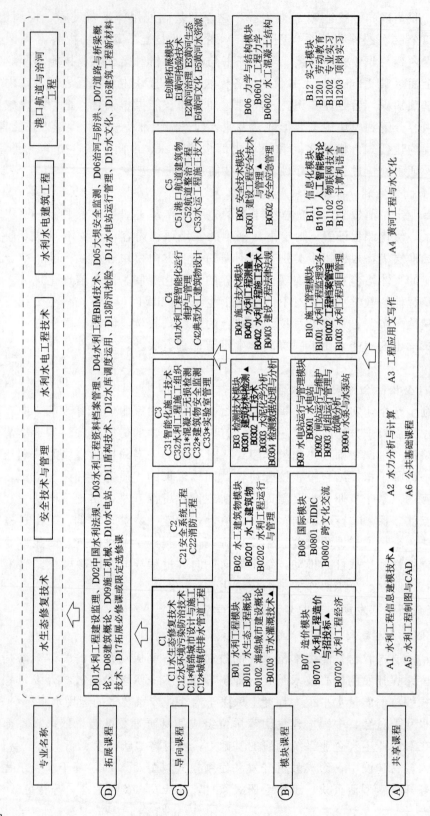

图 6.3.5　专业书证融通课程体系

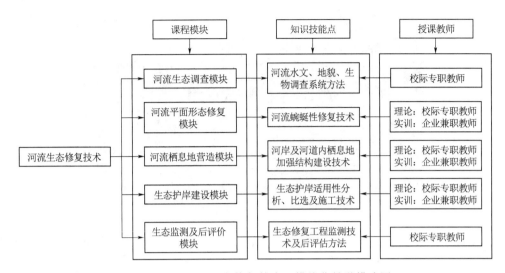

图 6.3.6 《河流生态修复技术》模块化教学模式图

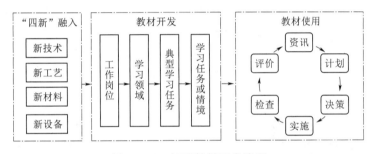

图 6.3.7 新型教材开发流程

2. 践行资源四优标准，持续升级特色资源

专业群课程研究的水利工程，具有施工与管理过程复杂、理论艰涩难懂、现场学习危险复杂、实训耗材贵、误操损害巨大等问题。为实现人人愿学、人人都出彩，提出反映内容优、表现形式优、应用效果优和建设效益优"四优"的多维体现课程资源建设标准，基于生产过程开发虚拟仿真、动画、VR 等分层次优质线上资源，满足多层次、个性化学生学习需求，解决线下学习"想看看不到、想做做不了、能做做不全、做全做不精"的问题。

目前，已建成 VR 安全体验中心（图 6.3.8）、鲲鹏山智慧水利虚拟仿真教学系统等优质资源。通过建设职业教育虚拟仿真实训线上资源，改变传统教学育人手段，破解职业教育实训中存在的"看不到、进不去、成本高、危险性大"等特殊难题，提高职业教育的育人成效。

6.3.2.4 服务新产业发展，打造教师教学创新团队

产教融合背景下职业教育对教师转型发展提出了社会功能转变、知识供给转变、知识体系转变、专业组织转变、学习方式转变、价值追求转变等要求。为积极应对水利行业向现代水利和生态水利的加速转型，切实服务黄河流域生态保护和高质量发

图 6.3.8　建成的 VR 安全体验中心

展、长江经济带发展等重大国家战略，致力于培养服务绿色生态产业升级高职水利类专业高素质技术技能人才，以"四有"标准、以政行企校跨界融合为导向、以"双师、双语、双能、双创"为目标，以在全国率先开办的水生态修复技术专业为依托，坚守"启智润心育桃李、崇德赋能绽芳华"为宗旨，持续推进师资队伍建设，获批第二批国家级职业教育教师教学创新团队立项建设单位（图 6.3.9），形成了"名师引领、专兼结合、优势互补、梯队合理"的教师团队结构。并结合绿色生态环境专业领域协作共同体建设，塑造出教师的专业成长从依托单个团队向多个团队，依托单一院校向多所院校间合作的发展新形态，形成共同协作开展课题研究的新局面。

图 6.3.9　黄河水利职业技术学院水生态修复技术专业教师团队

6.3.2.5　针对标准化评价，构建校际同质互认标准

1. 构建学分转换标准

2020 年，教育部印发《关于在疫情防控期间做好普通高等学校在线教学组织与管理工作的指导意见》（教高厅〔2020〕2 号），明确要求高校贯彻落实有关政策要求，引导学生在疫情防控期间积极选修线上优质课程，制定在线课程学习学分互认与转化政策，保障学生学业不受疫情影响。近年来，教育部出台多项政策积极推动高校间的

学分互认，并逐步健全线上学分互认机制，引导高校逐步完善学分制，制定科学合理的学分互认制度和标准，扩大学生学习自主权、选择权，为学生选择学分创造条件。

结合协作共同体建设模式，与相关院校探索开展学分互认探索，并通过技能大赛和职业资格证书学分转换机制构建同质互认标准，学分转换标准见表6.3.1和表6.3.2。

表6.3.1　　　　　技能大赛和创新创业竞赛项目学分转换标准

获奖等级	国际级		国家级			省部级			区校级	
	A类	B类	A类	B类	C类	A类	B类	C类	A类	B类
一等奖	40	20	20	20	10	10	5	3	5	3
二等奖	20	10	10	10	5	5	3	2	3	2
三等奖	10	5	5	5	3	3	2	1	2	1

表6.3.2　　　　　　　　职业资格证书学分转换标准

类别	证书名称	证书等级（或类别）	颁发部门或推荐获取方式	学分转换
通识类	普通话水平测试等级证书	二级乙等	参加××市语委统一测试	选修课1学分
	英语应用能力考试等级证书	B（A级）	参加××市统考	选修课1学分
	计算机应用能力考试等级证书	一级	参加全国计算机等级考试	选修课1学分
专业类	水环境监测与治理	1+X	北控水务集团	选修课1学分
	土木工程混凝土材料检测	1+X	中国水利水电第八工程局	选修课1学分
	制图员	中级	国家住房和城乡建设部/水利部	选修课1学分
	施工员	中级	国家住房和城乡建设部/水利部	选修课1学分
	资料员	中级	国家住房和城乡建设部/水利部	选修课1学分
	造价员	中级	国家住房和城乡建设部/水利部	选修课1学分
	测量员	中级	国家住房和城乡建设部/水利部	选修课1学分
	预算员	中级	国家住房和城乡建设部/水利部	选修课1学分
	质检员	中级	国家住房和城乡建设部/水利部	选修课1学分
	河道修防工	中级、高级	中华人民共和国人力资源与社会保障部、水利部人事司	中级选修课1学分，高级选修课2学分

2.形成集体备课制度

为推进专业和课程建设的同质互认教学质量评价标准体系建设，依托协作共同体平台建立专业课程集体备课，形成校际间联合制定课程标准、大纲、教材、教案、课件、微课、试题库等教学资源，并将课程思政融入集体备课活动中，为校际间课程建设可操作、可量化、可互认、可互通提供机制保障。在人才培养、教学科研、实践培训、技能大赛、信息咨询、技术服务等各方面发挥组合效应和规模效应，提升服务绿色生态产业升级高职水利类专业发展的资源集聚效应。

6.3.2.6　依托智慧化管理，促进专业调整反馈提升

1.多方参与、形成一套数据采集与分析管理机制

通过校内、校外，构建用于专业设置评价的信息采集与数据分析系统。校内，在完善智慧校园建设和业务全覆盖信息化管理系统建设的基础上，集成学校各部门、各

业务线的运行数据，构建大数据集成分析系统。校外，联合政府、行业、企业，建立区域经济与产业发展对人才需求的调查分析制度。一是开展经济与产业结构数据跟踪，实时收集追踪省、市、地区三级行政区域经济数据，掌握区域经济结构、产业发展现状及变化趋势、行业就业人数、劳动力供需等数据，建立区域经济结构与人才需求数据平台。二是开展智能辅助数据分析，面向各大型招聘网站，抓取区域行业企业发布的招聘岗位信息，针对区域产业职业岗位需求进行大数据监测与分析，获取真实一手数据，研制与发布区域经济与产业的人才需求报告。搭建政校企行合作平台，实现数据共享互通，促使二级学院与专业及时获取第一手市场信息。

基于收集数据，科学预测未来区域产业发展和专业发展趋势。从供需两个角度开展专业设置与区域产业关联度分析，通过对产业结构、就业结构、人才结构、专业结构的适配性分析，建立专业设置随产业发展的动态调整机制。

数据采集规范化、常态化，形成一套完善的数据采集与管理机制。设置数据中心专责统筹分管数据管理工作，落实责任主体，明确工作职责。根据相关的数据采集与管理办法，制定数据采集工作流程，明确数据采集范围和指标体系，让数据采集工作规范化、常态化。学校通过专业发展中心平台、课程发展中心平台、智能课堂平台收集分析数据，随时了解专业建设、课程建设、教学改革情况及学生过程学习情况，通过智能考场大数据分析学生成绩，并对比设置目标值分析目标完成度。校外，通过麦可思等第三方调查获得毕业生质量、社会需求等数据，对比培养目标分析完成度及达标率。

2. 及时纠偏预警、完善专业预警与动态优化调整机制

根据国家、行业、区域及学生发展需求，制定专业规划及人才培养方案，确定毕业生能力，以此构建课程体系并确定课程目标、课堂目标及对应的标准。借助专业发展中心、课程发展中心及智能考场对专业年度计划及实施情况的分析，围绕检测指标及监测点目标值，每季度进行检测、预警及自我改进，同时通过市场调研、学生核心能力评价、学习创新，对专业建设、专业目标、教学方法、教学内容动态调整，提升改善人才培养模式，保证人才培养质量螺旋上升。由企业、学校、学生、社会四方主体构成自评小组，按照上文构建的高职院校专业动态反馈评价体系开展专业纠偏预警。

3. 完善诊改工作机制、促进专业持续改进与提升

以专业建设水平为切入点，围绕专业与课程建设两个方面对专业开展分类"诊改"，将专业自我诊断与改进纳入学校"五纵五横一平台"的内部质量保证体系，使专业分类诊改与学校内部质量诊改系统有机衔接。设计"专业规划—制定专业建设目标—制定建设标准、建设计划—计划实施"的专业建设诊改路径，在专业建设实施过程中实施数据监控和自我诊断，对偏离专业建设目标的专业，开展诊断改进，调整建设计划；对建设效果较好的非预警专业，持续进行自我诊断，不断完善专业规划和建设，形成专业建设诊改优化的动态闭环，促进专业诊断改进与质量不断提升。根据国家、行业、企业需求及"十四五"专业规划，根据专业层面诊改的"8字"螺旋，专业建设诊改思路如图 6.3.10 所示。

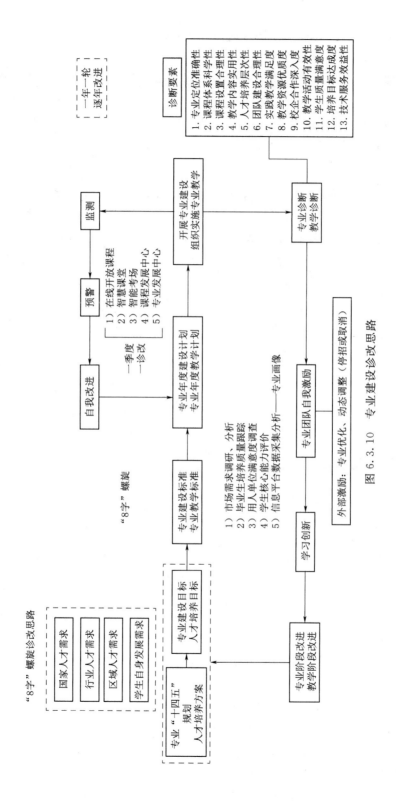

图 6.3.10 专业建设诊改思路

6.4 水利"五金"新基建构建案例剖析

全面推动现代职业教育高质量发展，瞄准智能测绘、智慧水利、乡村振兴等领域产业转型升级热点，全面推进职业教育"金专、金课、金师、金地、金教材""五金"建设，以现场工程师培养为核心，深度推进政行企校协同育人，在全面推进现代职业教育体系建设中展现"水利担当"。

6.4.1 打造水利金专

学校紧盯国家江河战略、河南省产业结构调整规划，精准对接产业需求，开展专业星级评定，全面、系统评估自身专业设置、人才培养、办学条件三个维度与国家战略、区域产业和行业发展需求的适配程度，据此不断优化调整专业，促进人才供给与市场需求之间的动态平衡和良性循环，实现专业设置与产业需求的"同频共振"。五年来，动态调整专业设置 18 个，其中新增智慧水利技术、水生态修复技术等 12 个专业，全面优化专业布局，专业设置与区域重点产业适配度不断优化，主动适应了国家战略、行业布局、产业转型升级、区域经济社会发展需求，打造"金专"。

服务"江河战略""乡村振兴"等国家重大战略及"一带一路"倡议，打造水利水电建筑工程"双高计划"特色专业群，涵盖 5 个专业 7 个专业方向。水利水电建筑工程和水电站 2 个专业顺利通过英国官方唯一的全球学历学位评估认证机构——英国国家学历学位评估认证中心（UK NARIC）的专业学历评估认证，取得 UK ENIC 国际质量标准证书和国际可比性证书，专业达到了英国资历框架（RQF）和欧洲资历框架（EQF）5 级水平，并在全国"双高"职业院校国际专业标准与质量保障研修会上进行经验分享。

【典型案例 1】扎根水利守初心 德技并修护江河

五千年精神传承、新时代实践创新，彰显了水利人"忠诚、干净、担当"的可贵品质，厚植了水利行业"科学、求实、创新"的价值取向。

黄河龙门水文站于 1934 年在晋陕峡谷扎根设站，是黄河 145 座水文站中唯一一座建在悬崖上的水文站。2023 年 12 月 17 日，中央广播电视总台 1 套节目《2023 主持人大赛》生动地讲述了黄河"守门人"——龙门水文人感人事迹。学校水利工程学院 2004 届毕业生黄河龙门水文站勘测员薛刚、2019 届毕业生黄河龙门水文站报汛员范招娣和 2022 届毕业生黄河龙门水文站勘测员廖光昊等三名校友接受央视采访（案例图 1.1），向全国观众展示了黄河水利职业技术学院优秀学子不畏艰难、勇于担当、守护黄河的品质，更印证了水利水电建筑工程专业群（以下简称"专业群"）学子守望大河保安澜、扎根悬崖甘奉献的拳拳之心。

1. 与时俱进，打造服务现代水利专业集群

专业群不忘"黄河治理与保护"初心，秉持"启智、润心、崇德、赋能"院训，积极响应黄河流域生态保护和高质量发展等国家重大战略，面向现代水利、生态水利、

案例图 1.1　2019 届毕业生范招娣接受央视采访

智慧水利发展，动态调整专业建设内容，按全生命周期产业链逻辑，积极适应人才培养供给侧和产业需求侧结构变革，充分发挥专业群的聚集效应和服务功能，形成优势互补、产业共建和资源共享的特色专业群，培养"德技并修、视野开阔、技能领先、技术精湛"的复合型、创新型高素质现代水利水电工程技术技能人才（案例图 1.2）。专业群内各专业资源共享、团队互补、协同共振，共同培养新时代水利高素质技术技能人才，服务工程建设生命周期的不同岗位技术技能型人才要求，有效服务国家发展和职教改革。

2. 不忘初心，强化扎根水利基层使命担当

以立德树人为根本、以新时代水利精神为支柱，充分发挥思政课教师和专业课教师自身优势，在专业教学中形成课程联合开发团队，系统实施课程思政集体备课制度，把"扬黄河文化、铸水利精神、精治水匠艺"融入育人全过程，以"水力分析与计算"国家级课程思政示范课程和教学名师团队为引领，带动专业教学与思政教育同向同行。通过"走进母亲河""扎根水利""重走红旗渠"等特色思政活动（案例图 1.3），引导学生深度感悟黄河精神、红旗渠吴祖泰等水利精神内涵，增强对接产业发展能力和吸收产业先进元素能力，形成师德师风培养长效机制。

3. 个性培养，重构大国兴水模块组合课程

以培养社会主义核心价值观为根本任务，融入水利文化和工匠精神，建设信息化思政课、创新创业课、水利劳动教育课等课程，构建"基础通用、平台反哺、模块组合、方向鲜明"四个层次的课程体系，服务大国兴水和全球治水人才培养，创新黄河特色劳动教育，将传统治黄技艺文化融入劳动教育和人才培养全过程，与开封黄河河务局联合建设劳动育人基地，开发"管涌抢险训练"等特色劳动训练项目，培育传承劳模精神和工匠精神，打造特色劳动教育高地，培养治黄事业需要的高素质技术技能人才。打造"四新融入"专业课程。与水利顶尖的企业合作，形成常态化的调查研究、市场追踪和反馈机制，及时将新技术、新工艺、新材料、新规范等水利技术先进元素融入教学标准、模块课程和导向课程，实现课程内容与职业标准的无缝对接。

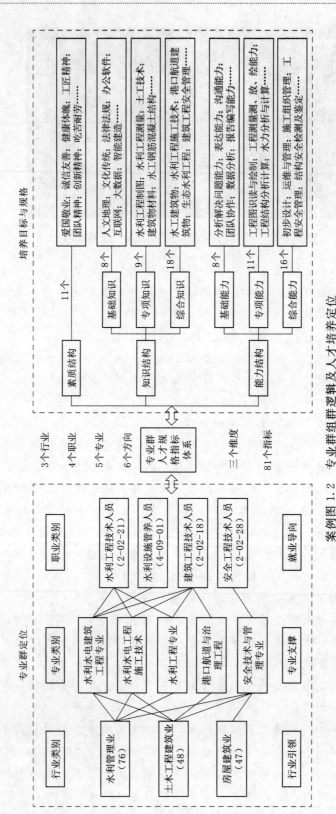

案例图 1.2　专业群组群逻辑及人才培养定位

案例图 1.3　赴小浪底水库枢纽开展"扎根水利"特色思政活动

4. 强基赋能，提升现代黄河工匠技能水平

专业群以岗为先、以课为基、以赛为引，通过强化第一课堂和第二课堂的强基赋能，确保岗课赛证深度融合，促进学生技术技能显著提升。教师系统开展教学活动设计，将岗位需求、技能证书、技能比赛内容有机融入课程设计；筑牢第一课堂"强基"作用，将课程思政和劳动育人贯穿于教学全过程，传授技能大赛基础理论和职业技能要求，发现和挖掘学生的创新能力和学习热情；充分发挥第二课堂"赋能"作用，利用业余课堂实践，通过开放多样化技能练习平台和提供导师指导，引导学生自觉强化技术技能提升，考取职业技能证书，参与职业技能大赛，实现技术技能跃迁。

5. 四元融汇，谱写现代水利育人职教新篇

专业群以现代水利人才培养模式创新实践为基准，充分发挥专业特色、强化思政引领、重构模块化课程，持续优化和丰富岗课赛证融通实践路径，有效提升学校育人质量，历年就业率超过 98%，近一半学生就职于世界 500 强和行业龙头企业。水利水电建筑工程专业顺利通过英国官方唯一的全球学历学位评估认证机构——英国国家学历学位评估认证中心（UK NARIC）的专业学历评估认证，专业达到了英国和欧洲 5 级水平，并在全国"双高"职业院校国际专业标准与质量保障研修会上进行经验分享。专业群学子获省级技能竞赛一等奖以上 71 项，连续 5 次荣膺"高教杯"全国大学生先进成图技术与产品信息建模创新大赛冠军，申艳霞获"河南最美大学生"称号（案例图 1.4）。

案例图 1.4　河南最美大学生——申艳霞

6.4.2　铸造水利职教金师

锚定"江河战略"等重大国家战略及"一带一路"倡议，以"双高计划"A 档建设单位高质量推进为契机、以实施人才强校战略为驱动、以夯实职教强国师资基础为目标，创新师德高尚、业务精湛、结构合理、充满活力的"职教金师"培育模式：①大力弘扬彰显水利特色的教育家精神，系统实施"走进母亲河""重走红旗渠"等特色党建活动和课程思政"十百千万"工程，夯实立德树人基础；②持续健全产教深度融合的教师队伍建设机制，打通校企人员双向流动渠道，提升高层次人才外引内培质效；③多维推进"五双"师资队伍建设，发挥行业大师引领、教学名师示范、企业匠师传承赋能作用，促进"双师、双语、双能、双创、双带头人"的五双教师能力提升；④构建多元教师队伍发展格局，分类打造科教融汇、产教融合、教学创新和国际教学等四支特色队伍，形成"锚定战略、破解难题、支撑改革、服务发展"的教师团队多元发展格局。经过多年建设，入选全国高校黄大年式教师团队、国家级课程思政名师团队和国家级职业教育教师教学创新团队；获批全国高校"双带头人"教师党支部书记工作室、国家级"双师型"教师培训基地和国家级职业教育教师教学创新团队培训基地；获评黄炎培职业教育杰出教师、全国水利职教名师、省职教专家等 14 人。

按照建设思路和目标，从团队师德师风、教师能力、协作共同体、课程体系、教学模式等方面开展建设，形成特色经验成果，有效为相关专业建设提供示范引领，具体建设内容如下。

6.4.2.1　推进团队师德师风建设

1. 加强党的领导，奠定师德师风建设基石

坚持以习近平新时代中国特色社会主义思想为指导，不断加强党对教师教学创新团队建设的全面领导。以立德树人为根本，以教书育人为中心，严格按照习近平总书记提出的"四有好老师""四个引路人"和"四个相统一"标准和要求，严格执行教师

政治理论学习制度,提升教师政治理论素养;通过构建师德师风评价考核标准,确保师德教育、监督等举措落地见效。不断增强"四个意识"、坚定"四个自信",做到"两个维护"。在基层党组织领导下,以团队教学名师成长经历为典范,通过深挖典型故事、提炼典型事迹、形成典型案例库,讲好师德故事,树立榜样力量,以名师成长经历为典范,以新时代水利精神为内核,挖掘红旗渠吴祖泰等水利精神内涵,形成师德师风培养长效机制。

2. 推进全课程思政,提升师德师风建设成效

充分发挥思政课教师和专业课教师自身优势,在团队中引入思政教师,形成课程联合开发团队,遵循课程内容与思政元素的对应性和关联性原则,全员参与深度挖掘各课程知识所蕴含的思政元素,从家国情怀、水利精神、科学精神、工匠精神、人水和谐等方面凝练课程思想政治教育资源,优化思政教学内容,改革思政教学方法及评价体系,把思政工作贯穿教学全过程,构建典型课程思政建设体系及实践路径,实现专业教学与思政教育同向同行,打造课程思政金牌教师 3 名,服务专业人才培养,形成示范成果,提升师德师风建设成效。

6.4.2.2 加强团队教师能力建设

1. 优化团队建设方案

在良好的校企合作基础上,积极吸纳企业及用人单位的合理化建议,制定创新团队建设方案 1 套。通过不断优化国内一流、国际水平的专业建设方案和管理制度,确保方案的先进性、可行性与引领性。持续健全团队管理制度,创新管理机制,通过构建团队运行机制、健全教师考核评价制度、优化绩效激励机制等制度体系,充分落实团队工作责任制,完善"双师型"教师队伍建设制度,建立分层分类的职教教师能力标准体系,实现对团队教师的分层培养和能力发展。

2. 强化教师能力培养及考核

根据人才培养对教师团队能力需求,依托高水平现代化教师发展中心,确定"双师、双语、双能、双创"团队教师能力标准,多措并举探索教师的个性化、职业化、专业化能力发展路径,组织团队教师全员参与专业教学教法、课程开发技术、信息技术应用培训,以及专业教学标准、职业技能等级标准等专项培训,全面提高教师的专业建设、课程开发与教育教学水平、工程实践能力、科研水平和国际交流能力,显著增强团队科研创新能力。采用有效激励措施及技术支持,鼓励教师带领学生积极参加国家级、省级、行业举办的职业院校技能大赛、教学能力比赛,以赛促教、以赛促学、以赛促创,提升团队教师教学能力与信息化能力。团队教师分工协作,全员、全过程参与人才培养方案制(修)订、课程标准开发,根据企业发展、社会需求、学情变化,不断优化课程结构、教学内容、教学流程及教学评价,形成创新团队分工协作的模块化教学模式 1 套。利用教师发展中心信息化平台,从教书育人、科学研究和技术服务等多方面开展"线上+线下"复合式考核。并对教师个人发展路径实时监测跟踪,形成团队教师能力提升测评方案 1 套。

3. 建立"双师型"教学创新团队

校企共建"双师型"教师培养培训基地，探索校企人员兼职兼薪、考评互认流动机制，实现人才双向流动和与岗位、产业深度对接。选聘企业高级技术人员担任产业导师，形成专业兼职教师库；构建完善的团队师资培训及交流机制，选派团队教师定期到国内外相关企业顶岗实践，教师下企业实践年均 2 人次，优化教师教学创新团队专兼结构。

4. 提升团队国际化水平

依托"1＋N＋M"中外分布式大禹学院，通过常态化的双语培训、国际行业标准培训等形式，全面提升团队双语能力和国际化水平，选派 10 人次骨干教师进行国际化培训，培养 10 名双语教师，夯实团队国际化教学和培训能力。

5. 提升师生科技创新能力

以科技研发平台为依托，以项目为载体，将科研与生产相结合，推进专业教育和创新创业教育相融合，服务学生成长成才，推进创意、创新、创业"三创融合"的高层次创新创业教育，激发和培养学生的创新精神、企业家精神和创新创业能力。在建设期内培育国家级项目 1 项，省级项目 5 项；针对企业需求培育横向技术项目 5 项；指导学生开展创新创业项目 5 项。

6.4.2.3　建立团队建设协作共同体

2022 年 3 月 27 日，由黄河水利职业技术学院牵头组建的国家级职业教育教师教学创新团队绿色生态环境专业领域协作共同体正式成立。绿色生态环境专业领域协作共同体由黄河水利职业技术学院、广东水利电力职业技术学院、浙江同济科技职业学院、河北科技工程职业技术大学、山东水利职业学院、杭州市中策职业学校、天津渤海职业技术学院、中电建生态环境集团有限公司 8 家单位组建而成，成员单位遍布全国南北东西，贯通中—高—本职业教育层次，在水生态修复技术、环境管理与评价、环境工程技术、环境监测技术等专业的教育教学工作经过多年探索，积累了丰富的经验。7 所学校中有中国特色高水平职业院校（A 档）1 所，中国特色高水平专业群建设院校 3 所，省高水平学校建设单位 2 个，均在职业教育领域具有多年的探索和深厚经验积淀；参建企业为世界 500 强中国电建集团旗下中电建生态环境集团有限公司，是国内领先的水环境治理企业，在水资源综合开发利用、水生态修复和水环境治理等多方面具有丰富的工程设计能力和施工经验。

绿色生态环境专业领域协作共同体秉持"共建、共享、共赢"原则，通过校企合作和校校协作，打造校企命运共同体和校校协作共同体，探索校企-校际多元协作模式。通过合作机制以及建设举措，以章程签订为契机，锚定绿色生态类专业发展航向，推动校企供需匹配的层级合作和互兼互认的人员流动机制落地落实。推进专业设置与产业需求对接、课程内容与职业标准对接、教学过程与生产过程对接，构建对接职业标准的课程体系，创新团队协作的模块化教学模式（图 6.4.1）。

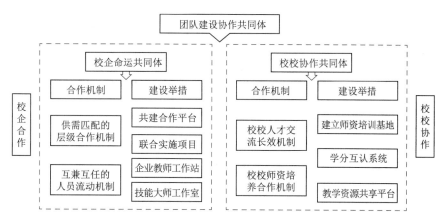

图 6.4.1　绿色生态协作共同体建设模式

【典型案例 2】启智润心育桃李，崇德赋能绽芳华

为积极应对水利行业向现代水利和生态水利的加速转型，切实服务黄河流域生态保护和高质量发展、长江经济带发展等重大国家战略，致力培养绿色环保专业领域高素质技术技能人才，黄河水利职业技术学院于 2018 年依托水利工程专业开办"水生态修复工程技术"专业方向，是全国第一所开办此专业方向的高职院校，2021 年正式以"水生态修复技术"专业招生。为服务专业建设，以"四有"标准、以政行企校跨界融合为导向、以"双师、双语、双能、双创"为目标，坚守"启智润心育桃李、崇德赋能绽芳华"为宗旨，持续推进师资队伍建设，获批第二批国家级职业教育教师教学创新团队立项建设单位。

水生态修复技术专业教学团队共有骨干教师 20 人，校内专任教师 17 人，企业兼职教师 3 人。成员职称、学历和年龄结构科学合理，其中教授、副教授及高级技师共 12 人，占 60%；博士 4 人，硕士 13 人；27 至 40 岁者有 9 人，占比 45%；拥有国际化教学能力的专任教师 7 人，"双师型"教师比例达 85%。团队成员中，务新超教授为国家"万人计划"教学名师，王勤香教授为"中原名师"；兼职教师姚文艺教授级高工为"中原学者"，林喜才为首批全国水利行业首席技师，形成了"名师引领、专兼结合、优势互补、梯队合理"的团队结构。在教学能力、专业改革、课程建设、人才培养、科学研究、技术服务等方面取得了丰厚的成绩，并在职业教育领域起到了示范引领作用。

1. 课程思政建设品牌凸显

团队负责人主持的"课程思政教学研究中心"获批教育部课程思政教学研究示范中心，团队成员主持"水力分析与计算"课程获批教育部课程思政示范课程，团队 4 名骨干教师入选课程思政教学名师和教学团队（案例图 2.1）；团队成员乔新杰荣获 2021 年河南省高校思想政治理论课教师教学技能大赛高职高专组"思想道德修养与法律基础"课特等奖；团队 2 名成员在水利工程学院第一届、第二届"课程思政"教学比赛中获得"课程思政金牌教师"称号。团队成员在 2022 年职业教育水利大类专业课程思政集体备课中向来自全国 30 多所水利职业院校的 2000 余名教师分享了课程思政教学经验。持续带动形成"学校有精品，门门有思政，课课有特色，人人重育人"的课程思政建设良好局面，有力地推动了全员全过程全方位育人的"大思政"工作格局的形成。

案例图 2.1　团队成员入选课程思政教学名师

2. 团队教师能力有效提升

团队积极参加能力作风建设年系列专题活动，参加干部能力作风建设专题培训班、师德师风和教学能力培训，开展相关课题研究、科研创新、技术服务等工作，持续推进高水平人才团队建设。以水利水电建筑工程高水平专业群建设为牵引，以新阶段水利高质量发展为抓手，聚焦专业群建设方向，明确核心指标和重点任务，积极推进团队教师"双师、双语、双能、双创"能力建设，团队成员集体参加澳大利亚蒙纳士大学苏州校区举办的国际化教学能力提升培训、郑州新东方英语培训学院举办的英语口语能力培训。派出教师赴开封市黄河土木工程实验中心、河南水利第一工程局、河南省水利基本建设工程质量检测中心站开展下企锻炼，确保团队发展与时俱进。

3. 专业课程体系强化重构

基于专业群"双主体、模块化、导向式、五贯通""1＋X"书证融通分层次培养模式，依托"基础通用、平台反哺、模块组合、导向鲜明"四个层次的课程体系平台，以立德树人为根本任务，融入水利文化和工匠精神，校企合作建设信息化思政、创新创业、劳动教育等公共基础课程；以水利工程建设、运维过程为导向，融入创新创业、水利精神和劳动教育等元素，重塑课程内容，开发水利工程制图与 CAD 技术、建筑材料检测、水利工程测量、水力分析与计算、地理信息系统等专业基础课程。以学生意愿及企业需求为目标，打造水工建筑物、水利工程施工技术、水利工程造价与招投标、水环境智能监测技术、河流生态修复技术、水环境治理技术、海绵城市建设技术等专业核心课程。

4. 课程内涵建设不断丰富

通过与水利行业顶尖的企业合作，紧跟技术发展前沿，及时更新教学内容，将新技术、新工艺、新材料、新规范等水利技术先进元素融入教学标准、模块课程和导向课程，实现课程内容与职业标准无缝对接。2021年学校与中电建生态环境集团有限公司、广东水利电力职业技术学院校企联合制定"地表水（河湖库湾）水质监测"X证书标准，积极推进职业技能等级证书机构认定工作，服务水生态和江河治理工程的专业技能人才培养，助力河南省"人人持证、技能河南"战略有序推进。

5. 书证融通探索基本成型

结合地表水（河湖库湾）水质监测等职业技能等级证书能力标准与知识要求，以岗位能力需求为导向，以理论知识、职业素养、技能训练为主线，建立"基础通用、平台反哺、模块组合、导向鲜明"四个层次的课程体系，把职业技能等级证书内容融入课程体系，实现课程内容与职业标准对接、学历证书与职业资格对接、职业技能与职业精神培养融合，全面落实1＋X证书制度，实现毕业生人人持证（案例图2.2）。各模块之间、模块内各课程之间，在内容安排上按照先基础知识，后专业知识，再将理论知识和技能操作融合，把原来自成体系的理论教学内容分解到模块中去，形成"专业入门—知识准备—实际操作—技能考核"新的专业课程构建模式。模块之间和模块内部由浅入深、由简到繁、由单一到综合，层层推进，保证了教学过程的有序性和职业技能形成的渐进性。

案例图2.2　技能等级证书颁发仪式

6. 创新课题研究有序推进

2021年12月21日，教育部公布了第二批国家级职业教育教师教学创新团队课题研究项目，团队承担的"新时代职业院校绿色生态环境专业领域团队教师教育教学改革创新与实践"重点课题成功入选。项目获批后，与广东水利电力职业技术学院、浙江同济科技职业学院、邢台职业技术学院、山东水利职业学院、杭州市中策职业学校及时组建绿色生态环境专业领域协作共同体，并联合政行企校形成研究团队，围绕课题研究涉及各方面研制调查问卷并开展调研，探讨研究主要内容和责任分工，并于 2022 年 3 月 27 日在专家指导下顺利开题（案例图 2.3）。

案例图 2.3　第二批国家级职业教育教师教学创新团队课题开题会

7. 团队培训基地成功获批

2022 年 1 月 5 日，团队联合中国水利水电科学研究院、黄河水利科学研究院水土保持研究所、三门峡黄河明珠（集团）有限公司、焦裕禄干部学院等单位共同申报的第二批国家级职业教育教师教学创新团队培训基地获得批复，团队按照建设要求，针对"水利工程、环境工程"专业领域职业教育教师教学面临的重点、难点，深入调研项目需求，不断明确团队建设目标任务、培训方案和有关要求，精心设计培训课程，组建一流培训团队，创新培训模式方法，2022 年和 2023 年先后开展 7 个阶段 9 个批次的培训，覆盖专业教师 6000 余人，通过政策学习、一线工程现场实践和伴随式指导，对教师队伍建设把握新形势、提升新技能、落实新任务起到了良好的指导作用。

6.4.3　构建水利金课

以线上优质资源及智能教学平台为抓手，以调动学生学习积极性及学习动力为前提，以实现高质量有效课堂为目标，专业群制定了有互动、有温度、有激情、有效果"四有"教学标准（图 6.4.2），遵循"以学生为主体、教师为主导"的教学理念，以任务为驱动，构建线上新型课堂。

在 2020 年新冠疫情期间，为保证"双高校"建设高质量进行，响应教育部停课不停教号召，学校应对危机、主动求变、探索实践新型教法，采用实质等效的线上授课。下面以 2020 年 4 月专业群在全国高职高专校长联席会上，获得的优秀"网上金课"——"学生为轴、课程为基、互动

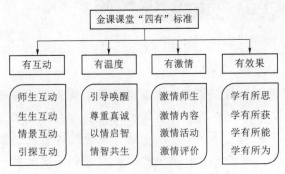

图 6.4.2　金课课堂"四有"标准

为体、数据为器 打造等效线上授课"教学案例为例（图6.4.3），展示水利水电建筑工程专业群线上授课新型教法探索与实践。

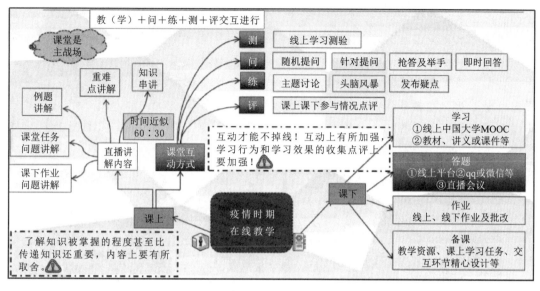

图6.4.3　线上金课课程设计与实践

课上采用实时交互直播方式授课，在线授课之前以学生为轴、课程为基，避"在线课"之短，扬"在线课"之长，选取合适线上教学方法做好顶层设计，根据授课课程特点及学情分析，充分利用国家级优质 MOOC 资源，采用腾讯会议、智能课堂等线上多种平台授课与互动，课堂上重视师生共"演"，采用讲、练、问、答、测、评等活动，紧紧拉住学生"不掉线"，全程利用平台互动，全过程、全方位、全员采集课堂学习信息，以交互为体、数据为器，对线上授课学生参与数量、学习质量进行展示点评，调动了学生学习的积极性。

课下为保证线上授课和课堂授课要求一致性、等效性，对于线上平台不能有效进行的计算绘图题，采用课下布置、线上批改点评方式，保证学生知识拓展和技能巩固。

线上新形态授课，利于收集过程信息及时答疑点评、改进和纠偏，课堂互动积极，学生任务完成度超过98％，确保线上课程"可衡量"和"有效"。

专业群教师线上授课过程中，将现代水利精神潜移默化融入思政元素，学生学习参与度及完成度超过95％，实现线上学习实质等效的教学效果。2019年以来，专业群王勤香、梁建林等9位老师在国内100余所本科、高职院校进行新型教学方法及模式分享交流。此外，王勤香教授指导开封文化艺术职业技术学院、湖南铁道职业技术学院等省内外近10所院校成功立项国家级精品在线开放课程。

2019年以来，专业群基于"四有"教学标准，提升了"水力分析与计算"等4门国家金课的创新性、先进性，增强了"水工混凝土结构"4门省级金课的趣味性、实用性，指导"海绵城市设计与施工"等6门校级金课立项建设，实现国家级—省级—校级线上金课三级孵化、逐级引领、步步提升的建设体系。

【典型案例3】以坚毅恒力推动课程思政高质量发展

2021年5月，"水力分析与计算"正式入选教育部课程思政示范课程，团队成员被授予课程示范教学名师。为更好推动课程思政高质量建设，课程团队在课程思政研究中心以及水利类课程思政分中心的指导下，在团队负责人王勤香教授带领下，坚守立德树人为根本任务，明确"善分析读懂江河，精计算造福千秋"为思政主线，以坚毅恒力开展课程思政建设，持续开展每周一次的集体备课活动（案例图3.1），通过多角度挖掘思想政治教育资源、探索课程思政建设新模式、多维度融入思想政治教育元素，把思政工作贯穿教学全过程，守好水力分析一段渠、种好水力计算责任田，为我国培养德技并修、全面发展的水利人。

案例图3.1　每周例行集体备课活动

在每周一次的集体备课活动中，团队成员通过授课内容分析、思政理念提炼、教学课件制作，在课件中有效融入思政元素，将课程思政教育与专业知识讲授相结合，并通过模拟授课的方式再现课堂情景，开展教学演练。团队成员结合教师授课情况进行集体研讨，对单次课程思政主线确定、思政元素挖掘、思政融入途径，以及思政与专业的契合度进行点评建议，让课件内容更充实、思政融入方式更自然、教育效果更有效。

通过集体备课的磨课、研课历程，团队提炼出"四结合"挖掘课程思政元素、"五维度"构建思政融入途径、"八过程"创新课程思政模式的经验做法。结合办学定位、专业特色和课程特点及大学生核心素养要求，挖掘家国情怀、水利精神、工匠精神、科学精神、人水和谐等课程思政元素。从课程标准、课程内容、教学方法、评价方式、实践创新等方面融入思政元素，通过"知、学、思、判、选、算、评、拓"教学实施，形成由点到面的课程思政体系。此外，课程采用"过程＋结果、线上＋线下、课上＋课下、知识＋技能＋素养"考核评价方法，利用智能平台全过程、全方位、全员记录学生学习过程及活动轨迹，智能统计过程成绩，通过智能考场随机组卷进行结果考核与成绩评定，培养学生"点滴汇聚、涓流成河"的学习态度。

通过持之以恒的课程思政建设与实践，"水力分析与计算"课程思政建设得到校内外专家、同行及学生好评。2020年，课程被学校立项建设课程思政示范课；获得全国高职高专校长联席会议评选的优秀"网上金课"教学案例；2021年，由黄河水利职业技术学院主办的职业教育水利大类专业课程思政集体备课中（案例图3.2），团队负责人王勤香教授分享了集体备课经验，团队骨干教师田静副教授以"问渠那得清如许，为有源头活水来——明渠水流水力分析"为题开展了课程思政现场教学，向全国30多所水利职业院校的2000余名教师分享了课程思政元素深度挖掘、融入技巧和教学实施情况，受到了广泛好评。团队教师在水利工程学院组织的课程思政备课比赛中获得一等奖2项、二等奖2项，两位教师被授予"课程思政金牌教师"称号（案例图3.3）。

案例图3.2 参加职业教育水利大类专业课程思政集体备课

案例图3.3 团队老师被授予"课程思政金牌教师"

此外，课程团队还通过"'水力分析与计算'课程思政学生视频作品大赛""2021诗情画意水力学创作大赛"，以"践行中国梦，铸就水利魂"和"赏中华诗词、品山水画韵、析水力之美"为主题，让学生感受水之韵、水之美、水之品，激发学生探索科学兴趣、促进学生练就水力本领、引导学生践行水利精神，有效促进思政内化于心、外化于行（案例图 3.4）。

案例图 3.4　举办"水力分析与计算"课程思政学生创作大赛

以"水力分析与计算"课程思政集体备课活动为示范引领，水利工程学院以水利类专业课程思政分中心建设为契机，开展全员参与思政教育的教师能力建设活动，充分发挥思政课教师和专业课教师自身优势，形成课程联合开发团队，深度挖掘各课程知识所蕴含的思政元素、凝练课程思想政治教育资源、优化思政教学内容、改革思政教学方法及评价体系，把思政工作贯穿教学全过程，构建典型课程思政建设体系及实践路径，实现专业教学与思政教育同向同行，在实践探索同时强化理论研究，为全国水利类专业课程思政建设提供"黄河水利职业技术学院经验"。

6.4.4　建设水利金地

政行企校多元协同，建设"金地"。聚焦职业教育改革重点任务，建有水利大类国家级"双师型"教师培训基地、国家级职业教育示范性虚拟仿真实训基地和国家级创新创业学院。

6.4.4.1　开启校企合作新路径，积极融入国家战略

学校践行国家"江河战略"要求，结合区域经济社会发展需求，以服务人的全面发展为中心，谋划校企合作顶层设计。2020 年，学校建立了理事会、校企合作工作委员会、专业建设指导委员会等三级管理体制。积极吸纳政府、行业、企业加入学校理事会，充分发挥理事会在争取社会力量参与多元办学的协商、议事和监督作用，指导各教学院部建立专业建设指导委员会并积极开展工作。成立产教融合研究中心，深入开展产教融合、校企合作体制机制的探索和实践，陆续出台了一系列规章制度，将产教融合、校企合作的理念融入人才培养的各个方面。2021 年，学校制定了"十四五"发展规划，将"产教深度融合发展工程"列入学校高质量发展"六大工程"，深入推进校企协同育人。

6.4.4.2　探索产业学院新范式，主动融入经济发展

学校与行业协会和龙头企业共同探索了"1＋1"和"1＋N"等多种合作模式，共建了 13 个现代产业学院，全面推行理事会领导下的院长负责制。对接新一代信息技术产业链中游的应用软件开发、系统集成等环节，与南京五十五所共建云智产业学院，构建了校企"专业共建、人才共育、师资共培、资源共享、项目共立、科研共做、实

习共担、就业共推、过程共管、效果共评"的"十共"协同育人机制（图6.4.4）。创新工匠工坊培养模式，以真实项目、真实工程为案例开展项目化教学，为河南省数字经济发展和信息产业国产化培养"有知识、懂技术、会管理、善经营、留得住、用得上"的新型产业人才，助力区域经济高质量发展。

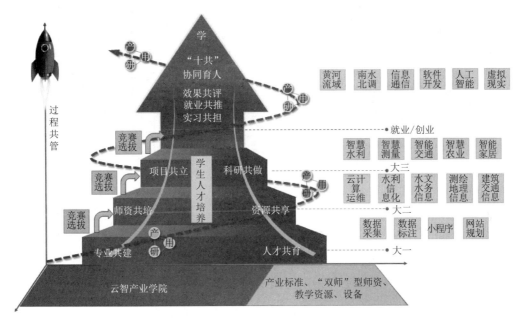

图6.4.4 云智产业学院"产学研用"协同育人机制模型

6.4.4.3 打造产教融合共同体，精准融入产业升级

为促进人才培养适应区域产业升级发展需求，2019年以来学校先后牵头成立了中国机器人职业教育产教联盟、黄河流域职业教育联盟等5个联盟（集团），以及全国水利行业、全国测绘地理信息行业等3个行业产教融合共同体（图6.4.5），联合开封经济技术开发区、奇瑞汽车股份有限公司牵头打造市域产教融合联合体等产教融合新型合作载体。深入水利、测绘、机械制造、网络信息等行业企业，就专业布局、人才需求、人才就业竞争力等方面进行调研，精准对接产业转型升级，整合优势资源，修订人才培养方案，开发教学资源，共建"双师型"师资队伍，有效促进了产教高度匹配、服务高效对接，支撑了行业发展，打造具有示范引领作用和鲜明行业特色的职教品牌。学校牵头成立的中国水利职业教育集团，在2022年获批国家首批示范性职教集团培育单位。

6.4.4.4 建设现场工程师学院，双元融入人才培养

学校围绕企业紧缺、关键技术岗位，对接数字化转型升级需求，探索工匠人才的培养机制和路径，全面推广中国特色现代学徒制试点项目。2019年，水利水电建筑工程技术、工程测量技术等5个专业顺利通过全国第二批现代学徒制试点项目验收，电子信息工程技术专业通过河南省首批现代学徒制示范点建设验收。2023年，黄河水利职业技术

图 6.4.5 牵头成立全国测绘地理信息行业产教融合共同体

学院-北控水务集团有限公司"智慧水务现场工程师"订单班顺利开班（图 6.4.6），以智慧水务工程管理为主线，采用模块化、项目式、个性化培养方式，使学生深度参与智慧水务工程项目，探索构建符合人才培养定位的课程新体系，制定专业建设新标准，形成了"双主体育人、双导师培养、工学交替、能力递进"的黄河水利职业技术学院现代学徒制样板模式，树立了现场工程师学院新典范。

图 6.4.6 "智慧水务现场工程师"订单班启动仪式

6.4.4.5 分类打造育人实践基地

1. 水利数字博物馆

水利数字博物馆是由黄河水利职业技术学院牵头，联合多家大型实体博物馆共同兴建的以保留、传承和发扬优秀水利文化，传播当代先进的水利科技知识为宗旨的数字化网上博物馆，是全国水利博物馆联盟成员单位，同时也是黄河水利职业技术学院河南省中小学社会实践教育基地开展线上水文化宣传科普的主阵地。博物馆通过综合利用现代信息技术，向大众提供水利资讯、水利科普知识、水利博物馆虚拟漫游、水利专题展览等多项服务，是一个集观赏、学习、娱乐于一体的综合性水利数字博物馆（图 6.4.7）。

（a）

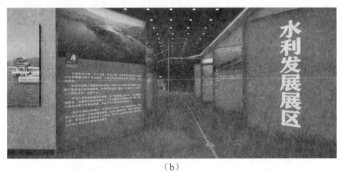

（b）

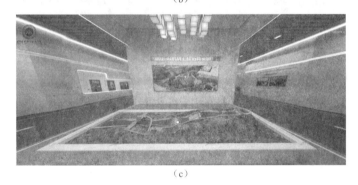

（c）

图 6.4.7　水利数字博物馆

2. 黄河工程文化长廊

2019 年水利水电建筑工程专业群获批"中国特色高水平高职学校和专业建设计划"国家重点专业群建设，黄河工程文化长廊（图 6.4.8）是实践教学基地任务中的重要组成。黄河工程文化长廊自 2019 年开始，经过 2 年规划、研讨、论证，形成最终方案。黄河工程文化长廊是聚焦水利枢纽工程，从黄河工程建设的技术技艺、工程所承载的文化和精神出发，围绕堤防、枢纽、灌溉、水保等典型技艺，形成学生掌握黄河上典型工程的建设技术技能的实训场地、进行思政教育和传承文化的平台。黄河工程文化长廊总体分为一个黄河工程文化古今穿越时空走廊、黄河概览、千秋大计、水上长城、大河明珠、水润华夏、绿染高原、水工揽胜、大师摇篮等九大区域。2021 年

10月经学校党委决定批准实施建设。经过持续1年的建设，黄河工程文化长廊主体工程建设基本完毕，资源建设正持续中。

（a）

（b）

图 6.4.8　黄河工程文化长廊

3. 鲲鹏山水利水电工程仿真系统

鲲鹏山水利水电工程仿真系统（图6.4.9）对重力坝、堆石坝、土石坝、双曲拱坝、倒虹吸、泄洪闸、拦河闸等水工建筑物进行三维建模，真实还原鲲鹏山周边场景及设施，形象直观地向学生展示水工建筑物结构。仿真软件不仅可通过鼠标对三维模型实现放大、缩小、选择、平移操作，同时还配有建筑物构造图文介绍，点击各建筑物结构热点可详细了解各类水工建筑物类型和作用；仿真软件还创新开发坝体透视解析功能和三维结构爆炸功能，通过透视解析功能可详细观察水工建筑物内部构造和隐蔽结构，点击爆炸按钮，可将该坝体整体结构进行爆炸式观览，使学生全面直观体验水工建筑物结构、构造及类型特征，破解学生在学习过程中"想看看不到、想做做不了、做了做不全"的难题，实现多种水利工程枢纽建筑物的认知学习，全面提高课堂学习效率，提升学生专业技能。

（a）

（b）

（c）

图 6.4.9 鲲鹏山水利水电工程仿真系统

【典型案例 4】"五共协同"建学院　黄河明珠耀光芒

　　2021 年 4 月，习近平总书记在职业教育工作重要指示精神中强调，要"深化产教融合、校企合作，深入推进育人方式、办学模式、管理体制、保障机制改革，培养更多高素质技术技能人才、能工巧匠、大国工匠"。党的二十大报告对职业教育类型定位明确指出，"统筹职业教育、高等教育、继续教育协同创新，推进职普融通、产教融合、科教融汇"。因此，通过校企合作突破传统的教育培养模式，探索创新适应现代产业发展需求的现代职业教育人才培养体系，已然成为职业教育人才培养高质量发展的重中之重。

　　鉴于此，黄河水利职业技术学院与三门峡黄河明珠（集团）有限公司深入交流、紧密对接，在三门峡水利枢纽大坝共建黄河明珠产业学院（案例图 4.1）。从实践基地建设、师资团队重组、科研协同攻关、人才联合培养、国际人才共育等五个方面，创新提出校企院区共建、师资共组、科研共进、人才共培、国际共行的"五共协同"产业学院建设新范式（案例图 4.2），探索产教融合背景下可推广、可复制的校企深度合作协同育人培养模式及体制机制，真正实现"校企牵手、双向赋能"的目的，助力构建校企命运共同体。

案例图 4.1　产业学院在三门峡大坝挂牌

　　1. 院区共建，创新校企合作机制

　　黄河明珠产业学院突破"引企入校"当下校企合作办学的主流模式，开创了"校方出资、企业出地"的校企合作办学新形式、新方案。即产业学院院区场地由企业提供，占地面积为 12153 m²；学校先后投入资金 1000 余万元进行院区基础设施提升改造、园区绿化及配套设备建设，双方形成院区共建的新模式（案例图 4.3）。

　　校企主体联合、资源整合、制度契合、管理配合、文化融合，统筹双方分散的人才培养硬条件和资源软条件，构建一套兼顾双方权益权责、校企共管的"不分红、只

院区共建 创新校企合作机制

师资共组 构建创新教学团队

科研共进 搭建协同创新平台

人才共培 探索产教融合育人

国际共行 服务"一带一路"倡议

学校　企业

打造新一代产业学院建设新范式
探索新时代水利工匠共育新机制

案例图 4.2　黄河明珠产业学院"五共协同"建设模式

案例图 4.3　枢纽大坝南侧产业学院院区

分享"准股份制合作框架,形成校企共建产业学院新机制(案例图4.4)。

2. 师资共组,构建创新教学团队

双方共同构建"专职教师-兼职教师-岗位导师-工位师傅"梯级化培训队伍。学校派出专业基础课、专业核心课教师,明珠集团选派岗位导师。一名岗位导师带领五到六名工位师傅,工位师傅对学生进行一对一指导(案例图4.5)。打造理论与实践分工明确、目标融合的"师资共组"新团队。

双方组建的师资团队获批国家级职业教育教师教学创新团队。依托产业学院,获批国家级职业教育教师教学创新团队培训基地(全国水利行业唯一)和国家级职业教育"双师型"教师培训基地(全国水利类仅两所)。广东水利电力职业技术学院等行业院校100余人次在产业学院进行了师资培训(案例图4.6)。

3. 科研共进,搭建协同创新平台

双方组建研发团队,搭建"校企共参共研"技术攻关协同创新平台,在水电机组安全评价、水电机组运行与安装检修、智慧水利等方面开展针对性研究,承担国家级科研项目2项、省部级5项,发表SCI、EI高水平论文10余篇。逐步形成现代水电运维及智慧水利工程技术创新成果体系,形成"科研共进"新格局。

案例图 4.4 双方联合发文成立黄河明珠产业学院

案例图 4.5 水轮发电机组安装检修现场及运行管理师徒传承

案例图 4.6 产业学院承担国家级培训基地师资培训任务

4. 人才共培，探索产教融合育人

双方秉持传承黄河精神育人理念，强化实践赋能、多元协同，构建产教融合协同育人新模式。充分挖掘学校的办学特色和明珠集团的企业优势，持续推进课程体系改革，发挥企业育人主体作用，切实将课堂设在工程上、将实训置在工位上、将实践放在岗位上，加强校企协同育人的深度、广度和力度，实现"人才共培"。

目前，黄河明珠产业学院已累计接待黄河水利职业技术学院、华北水利水电大学、西北农林科技大学等多所高校的 25 批次 1894 名学生实习，并入选教育部 2022 年产教融合校企合作典型案例，荣获 2023 年度水利职业教育"产教融合"典型案例一等奖（案例图 4.7）。

序号	报送单位	案例名称
301	日照职业技术学院	"产业生态化、项目课程化"——数字创意类专业产教融合人才培养创新与实践
302	郑州铁路职业技术学院	铁鹰"匠心"筑梦"腾升"——建筑装饰专业现代学徒制助力产教融合发展
303	四川现代职业学院	现代学徒制人才培养模式创新与实践——以四川现代职业学院为例
304	四川邮电职业技术学院	探索企业定制培训模式，实现退役军人精准就业——以成都市首个现役军人职业技能培训"智慧家庭工程师"企业定制培训班为例
305	大连职业技术学院北京华晟经世信息技术股份有限公司	"双元三融"职教改革之路——移动通信技术专业"现代学徒制"人才培养模式的探索与实践
306	黄河水利职业技术学院	黄河上的明珠 大坝上的学校——传统行业校外产业学院新范式
307	江苏海事职业技术学院	校企双元 船校交替 书证融通现代学徒制卓越海员培养探索与实践
308	浙江经贸职业技术学院	五方四共推进产教融合 全面提升人才培养质量
309	河南职业技术学院	校企合作三融合 精准服务促发展——数控技术专业群河职格力深度合作典型案例
310	广东纺织职业教育集团	创新集团办学育人机制 校企共建共享资源平台——广东纺织职业教育集团成果案例

（a）　　　　　　　　　　　　　（b）

案例图 4.7　入选教育部产教融合校企合作典型案例

5. 国际共行，服务"一带一路"倡议

双方依托学校"大禹学院"，加强国际化合作，服务"一带一路"倡议，助力中资企业"走出去"，共同开展国际化水利运行与管理人才培养。校企共同制定坦桑尼亚"水利水电工程工程师 NTA 8"和"新能源工程工程师（水力）NTA 8"职业标准，并承担埃塞俄比亚"大坝安全与集水操作技术员/工程师 5 级"和"灌溉与排水系统技术员/工程师 5 级"职业标准开发项目（案例图 4.8）。初步形成整装式、批量式输出中国职业标准的新局面，已联合培养 10 余批次水电站运行国际化学员，培养赤道几内亚、老挝等国家留学生 100 余人，切实推进双方在水电运维领域"国际共行"。

（a） （b）

案例图4.8 坦桑尼亚国家职业标准开发项目官方认证书

6.4.5 开发水利金教材

强化课程思政育人，开发"金教材"。紧跟职业教育改革发展方向，深化校企合作，努力打造内容实、方法新、有引领性的"金教材"。学校建有34种国家"十四五"职业教育规划教材，获首届全国教材建设奖一等奖、二等奖各1项。

6.4.5.1 资源标准

1. 制定"四优"标准，构筑资源体系

高水平水利水电建筑工程专业群资源开发坚持以学生为轴、课程为基，针对水利水电建筑工程施工与管理过程复杂、理论抽象难懂、现场学习危险复杂等问题，为实现人人都愿学、人人都出彩，制定了反映内容优、表现形式优、应用效果优和建设效益优的"四优"资源建设标准（图6.4.10），把抽象、难懂的理论知识点及复杂、难实现的实训技能点，基于生产过程开发虚拟仿真、动画、VR等分层次优质线上资源，满足多层次、多身份学生学习需要，解决线下学习"想看看不到、想做做不了、能做做不全、做全做不精"的问题。

完成"土工技术"等10门课程优质微课、动画的制作，建成VR安全体验中心（图6.4.11），该中心建设了包括水利、建筑等工程行业安全方面的各类VR体验资源12套。建有鲲鹏山智慧水利虚拟仿真教学系统，该系统包括渠道、拦河闸等30多种虚拟水工建筑物，能对其结构进行还原三维建模、拆分、组装，并将智能感知、智慧运维等信息化设备和技术融为一体，是能实现智能运维监测、虚实交互的水利虚拟仿真教学系统。

图 6.4.10 资源建设"四优"标准

图 6.4.11 VR安全体验中心

优质资源体系融入尊重生命、敬业担当、热爱劳动等思政元素,使其成为培养水利精神、工匠精神及开展劳动教育的主要载体,部分实训优质资源建设成果,如图 6.4.12 所示。

2. 搭建"四用"平台,实现无界学习

专业群坚持以学习者为中心,为满足学生、行业人员、教师及社会人员等四类用户随时随地学习需求,依托智慧职教、爱课程等线上优质资源学习平台,搭建三级模块分层次课程资源,建成适合多用户的线上课程,包括:符合学生认知规律的线上课程,以企业为主突出实用技能的培训课程,以短小精悍微课为主的微课中心。建设典型案例和素材资源 5 万条左右,为企业人员提供典型工程案例、行业项目开发流程和行业规范,同时为社会学习者提供水利科普教育服务。通过 2019 年以来高水平专业群建设,形成时时可学、处处可学、人人能学的学习生态圈,满足了不同水利学员个性化和终身学习的需求,实现了优质资源共享,使教育公平、教育无界。

专业群构筑的优质线上资源和新型教学模式,吸引各类用户参加线上学习,2019

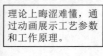

理论上晦涩难懂，通过动画展示工艺参数和工作原理。

想看看不全，通过虚拟项目部全过程模拟水利工程建设过程。

动画1：砂石料生产工艺　　　仿真1：水利工程虚拟项目

爆破操作危险性大，通过爆破器材和工具虚拟空间仿真实训。

钢筋拉伸和混凝土浇筑实训浪费材料，通过钢筋VR和混凝土浇筑模拟操作。

动画1：爆破工程动画　　　仿真2：钢筋拉伸VR

图 6.4.12　部分优质资源展示

年、2020 年"水工建筑物"等 4 门国家精品在线开放课程学习人数超过 34500 人，"水工混凝土结构"等 4 门省级精品在线开放课程学习人数超过 2 万人，水利水电建筑工程专业国家资源库累计学习人数超过 5 万人。各类用户随时均可通过线上平台学习，获取有效资源，提升个人发展空间。

6.4.5.2　建设成效

2020 年，为加快培养数以千万计的知识型、技能型、创新型劳动者大军，河南省委、省政府作出了"人人持证、技能河南"决策部署。专业教学资源库建设始终以"助力学生创新创业、支撑技能社会、服务终身学习"为导向，通过资源库的改进提升，为在校学生、企业员工和社会学员提供高质量、持续性服务，充分发挥了职业院校教学资源优势。

1. 将专业教学资源库打造为学生创新创业的动力源泉

学校作为"全国深化创新创业教育改革示范高校"，在专业教学资源库建设中注重学生的创意、创新、创业、创造能力培养，通过以赛促教、以赛促学、以赛促创，形成"专业为基打底子＋创新引领想点子＋双创实践趟路子"三递进式的创新型技术技能人才培养路径。2021 年，学校在第七届中国国际"互联网＋"大学生创新创业大赛中，斩获国赛金奖 1 项、银奖 1 项、铜奖 3 项，获奖等级和奖牌数量均实现历史性突破，在全国大学生先进成图技术与创新大赛中实现团体"九连冠"。

2. 将专业教学资源库打造为助力脱贫攻坚的有效途径

专业教学资源库面向农村转移劳动力、农村致富带头人、城镇下岗失业人员和转岗职工等群体免费开放，资源库用户覆盖全国 31 个省（自治区、直辖市），西部用户比例达到 25％。精准设计技能培训方案，开展就业技能培训、创业培训、实用技能培训，为行业企业进行技术培训，举办各类培训班 37 个，培训人员 3443 人次，影响巨大。学校从 2017 年起连续 4 年获得开封市"助力脱贫攻坚先进单位"。

　　3. 将专业教学资源库打造为服务终身学习的共享平台

　　在实现学生就业"技能零对接"的基础上，专业教学资源库也成为毕业生坚持学习、持续提升的有效平台，学校培养了"中国好人""第十届中国大学生年度人物""中国大学生自强之星标兵"邢二朋、首届"河南省最美大学生"程兆东等优秀学生。现任中国水利水电第八工程局有限公司（以下简称水电八局）铁路公司副总经理的 2006 届毕业生杨光，先后荣获"中央企业优秀共青团干部"、中国电建集团"优秀共青团干部""水电八局优秀党务工作者""水电八局 2014—2015 年度先进生产（工作）者""水电八局 2016—2017 年度公司标兵"荣誉。

　　在服务国外学习者方面，为赞比亚、赤道几内亚、印度尼西亚、老挝、南非等国家开展 11 期项目，培训 350 余人，与赞比亚共同开发"建筑材料""水利工程测量"等 4 门课程教学标准。2013 级水利水电工程管理专业印度尼西亚籍留学生可可是黄河水利职业技术学院培养的"语言、技能"双过硬的优秀毕业生，毕业后坚持通过专业教学资源库学习专业理论、锤炼专业技能，先后在明古鲁火电项目、印尼雅万高铁项目部承担技术和翻译工作，多次陪同明古鲁省省长和中水集团领导参加项目活动，出色地完成各项任务，获得当地政府和企业的高度认可，2017 年，她被评为水电八局优秀外籍员工。

【典型案例 5】着力优质教学资源开发　服务技能型社会建设

　　习近平总书记在党的二十大报告中对加快建设教育强国作出一系列重要部署，强调"推进教育数字化，建设全民终身学习的学习型社会、学习型大国"。随着黄河流域生态保护和高质量发展等重大国家战略相继出台，以生态文明建设思想为引领发展路径对新时代水利行业发展提出了新要求，同时，信息技术、智能技术等新兴领域的兴起，对新时期水利技术技能人才提出了更高的标准，为了使专业发展和人才培养更好地服务于国家新阶段水利高质量建设和产业升级需求，急需开发建设融入新技术、新工艺、新规范、新材料的优质数字化水利教学资源，满足水利行业高端化、数字化、智能化、绿色化转型升级对高素质技术技能人才的培养需求，助力人人皆学、处处能学、时时可学的技能型社会建设早日实现。

　　专业群课程开发建设始终坚持落实"立德树人"根本任务，着眼黄河流域高质量发展重大国家战略，以学习者为中心，基于差异化、多样化学情特点，打造职业教育一流核心课程，建设多层次课程资源和虚拟仿真资源，开发黄河特色课程和大禹学院水电工程国际化课程，形成专业群优质教学资源库，服务专业群人才培养，支撑层次化、个性化、智慧化的精准教学目标实现，服务技能型社会建设。

　　1. 开发多层次课程资源，实现差异化精准教学

　　基于水利工程建设工作全过程，以创新和实用为驱动力，融入创新创业、立德树人和劳动教育等元素，重塑课程内容，将新技术、新工艺、新规范等先进元素纳入教学标准和教学内容，实现课程内容与职业标准无缝对接，将科研平台最新研究成果反

哺教学，以典型案例方式融入课程资源，打造高、中、低多层次课程资源和虚拟仿真资源，形成"双驱动、四融入、三层次"课程资源开发模式（案例图 5.1）。建设符合岗位工作实际的多层次课程资源 46 门，建成优质双语课程教学资源 9 门，开发"工程安全体验中心""港航实训中心"等"VR＋AR"虚拟仿真资源 45 个，更新完善教育部高等职业教育教学资源库，丰富优质资源为全国水利类专业教师教学、学生自主学习提供了大量典型案例和素材资源，为企业人员提供典型工程案例、行业项目开发流程和行业规范，同时为社会学习者提供水利科普教育服务，不同类型人员均可获取有效学习资源，提升个人发展空间，满足了不同类型、不同层次学习者个性化和终身学习的需求，提高职业教育的育人成效。

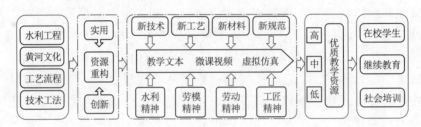

案例图 5.1　"双驱动、四融入、三层次"课程资源开发模式

2. 建成黄河特色课程资源，服务黄河高质量发展人才培养

为适应新阶段水利高质量发展对高素质技术技能人才培养的教学要求，立足黄河流域生态保护和高质量发展重大国家战略，面向智慧水利、绿色水利产业转型升级，持续开发课程思政、劳动教育、黄河工程和黄河故事等优质黄河特色教学资源，深入挖掘黄河流域历史文明、"母亲河"文化、生态保护等思政元素，将治黄理念、治黄工艺、治黄技术等抢险技术融入课程教学资源，围绕"黄河精神"主题，以"人物事迹、治黄理念、工程技艺"为主线，组织优势师资开发《黄河生态》《黄河治理》《黄河水资源》《黄河文化》黄河系列特色丛书（案例图 5.2）及配套教学资源，编著《黄河诞生记》《黄河之水天上来》《九曲黄河万里沙》《端掉黄河沙魔巢》4 部黄河科普读物，全视野、全方位、全流域系统地介绍黄河、歌颂黄河，展现黄河之壮美，讴歌人民治黄之伟业，弘扬黄河之精神，讲好"黄河故事"。优质特色黄河课程资源助力黄河流域高素质技术技能人才培养，夯实治黄技术技能、提升黄河生态保护意识，为流域内的企业提供了源源不断的高素质技术技能人才，解决职业教育服务黄河流域生态保护和高质量发展中的问题、难题、痛点和短板，为把黄河变成人民的幸福河做出贡献。

3. 着力打造线上金课程，实现优质教育无门槛

专业群课程建设以线上优质资源及智能教学平台为抓手，实践"线上＋线下、课上＋课下"混合式教学方法，满足在校教师、在校学生、从业人员和社会人员等不同学习者的需求。通过高水平专业群课程建设，建成"水力分析与计算"等 6 门职业教育国家在线精品课程、新增 8 门省级在线精品课程，获批 1 门国家级、3 门省级课程思政示范课程，截至目前，6 门国家在线精品课程累计学习人数已超过 9 万人，"水电

案例图 5.2　黄河系列特色丛书

站"等 8 门省级在线精品课程学习人数超过 3 万人，为国内外适龄人口提供学历教育和非适龄人口提供职业教育培训优质资源，打破水利教育时空壁垒，实现优质教育无门槛。专业群线上金课建设模式经验分享交流，辐射带动省内外 30 余门课程线上课程建设，指导省内外 10 门课程成功立项国家精品在线开放课程，课程建设经验推广应用于 30 余所职业院校，资源惠及个性化、差异化学习群体 20 余万人，实现优质教育无门槛。

多层优质资源创新开发、线上金课建设，有力支撑了差异化人才培养目标，助力适龄青年、社会劳动力、行业从业者等群体实现"人人皆可成才　人人尽展其才"的职业学习目的，发挥高等职业教育在国家科教兴国和人才强国国家战略中的重要作用，为有不同需求的群体提供灵活多样、更高质量的职业教育和培训机会，体现现代职业教育的重大意义，面向全社会开放更多优质课程资源，为建设学习型社会和学习型大国贡献力量。

第7章 结　语

　　本书围绕"强国建设、职教何为"时代课题，聚焦"加快发展新质生产力"推动水利行业产业高端化、智能化、绿色化转型现实需求，立足三服务、统筹三协同、注重三融合，创新工作方式和方法，以深化现代职业教育体系建设改革为主线，以现代职教体系改革和重点任务为核心，通过系统分析黄河战略，特别是现代水利行业发展产业链条，通过专业优化重构和组合升级，形成以水利水电建筑工程"双高计划"特色专业群为引领的水利类专业分层多维动态调整机制。

　　针对专业结构调整与产业变革周期存在"时滞"、专业育人定位与企业岗位需求存在"偏差"、专业内涵建设与现代工匠培养存在"错层"等问题，通过创新政行企校协作机制、构建专业动态调整路径、打造书证融通培养模式、开发多元融合教学资源和强化高水平教师团队建设，最终构建形成"分层递进、多维融合、动态调整"的人才培养范式。立足职业教育"产教融合、科教融汇"的协同创新视域，以绿色生态环境协作共同体组建为契机，以共同体章程签订为纽带，以"共商、共建、共促、共享、共赢"为原则，打造优质资源集聚、文化特色鲜明、专业动态调整、人才培养同质的协同工作模式。基于政行企校深度调研和理论分析，以开发专业适配度模型为支撑，以行业转型和产业升级的适配性为验证，依托智慧管理进行数据搜集和过程管理，最终形成一套完整的外部专业结构调整机制，为专业论证和动态优化调整提供机制支撑。以专业建设为核心，将专业结构调整和专业内涵建设协同考虑，以服务人的个性化发展为目标，以教师教学创新团队建设为基础，聚焦"五金"新基建多维度打造提升专业建设内涵，以研究课题为牵引，开展人才的分层级培养，促进专业高质量发展。并通过文献梳理、调研访问、数据分析、系统集成和反馈优化等方法，提升研究的精准性、科学性和适用性。

　　黄河水利职业技术学院水利专业在专业群建设指导委员会指导下，牵头打造全国水利行业跨域产教融合共同体，参与西部职教基地产教国家级市域联合体，集聚政行企校优势资源，开发黄河特色与"走出去"国际化育人方案，构建"基础＋平台＋模块＋导向"课程体系及育训标准，受教育部委托牵头制定中-高-本一体化专业标准，开展现代学徒制、现场工程师、长学制等多层次人才培养，实现终身学习纵横贯通。专业群竞争力持续稳居全国第一，近5年来累计培养了5500余名情系水利强国使命、扎根水利建设一线的高素质技术技能人才。

在大有可为之际，行大有作为之事。在建设教育强国的新征程中，水利院校将勇于承担新使命、推出新举措、迈出新步伐、展现新气象，不断优化职业教育类型定位，增强职业教育适应性，打造水利职教新高地，服务新质生产力发展，促进水利职业教育与行业进步、产业转型、区域发展同频共振、同向同行。

参 考 文 献

［1］ 卞丹丹，宗序亚. "中国金师"理念下职教涉农类教师胜任力要素再构及提升路径［J］. 河北职业教育，2023，7（4）：63-67.

［2］ 曾凡远. 高职院校深化"三教"改革探究［J］. 教育与职业，2020（24）：62-65.

［3］ 查吉德，赵锋，林韶春，等. 职业院校专业调整机制研究［J］. 中国职业技术教育，2017（29）：5-9.

［4］ 陈丽婷. 我国高等职业教育供给侧结构性改革辨与析［J］. 中国职业技术教育，2016（30）：82-85.

［5］ 邓华. 产教融合背景下高职院校教师的转型发展［J］. 教育与职业，2020（15）：81-86.

［6］ 邓志良. 职业教育专业随产业发展动态调整的机制研究［J］. 中国职业技术教育，2014（21）：192-195.

［7］ 郝云亮，杨芳. 五年制高职高质量开展"三教"改革面临的主要问题及推进策略［J］. 教育与职业，2023（15）：50-55.

［8］ 胡昊，卫宗超. 职业院校服务产业转型升级的专业结构优化策略——以河南省为例［J］. 中国职业技术教育，2022（14）：37-42.

［9］ 胡青华. 产教融合下应用型高校专业调整对接区域产业发展的适应性研究［J］. 山东纺织经济，2023，40（5）：34-38.

［10］ 胡永. 基于协同学的职业教育、高等教育、继续教育协同创新研究［J］. 教育与职业，2023（11）：21-28.

［11］ 姜大川，杨晓茹，黄火键，等. 新阶段水利高质量发展核心要义和评价指标体系构建［J］. 中国水利，2023（1）：18-21.

［12］ 李海宗，杨燕. 高职院校专业设置预警机制指标体系构建研究［J］. 中国高教研究，2014（5）：101-104.

［13］ 李宏波. 高职院校专业建设与产业结构调整适应性研究——以湖北省为例［J］. 长江大学学报（社会科学版），2023，46（3）：101-106.

［14］ 李乾. 高职院校专业动态调整的逻辑、指标与实践路径［J］. 职业教育研究，2020（3）：53-57.

［15］ 李亚昕，陈宏辉，皇甫鹤群. 推动新版专业落地实践 提高职业院校关键办学能力——中国职业技术教育学会1~26届"说课"报告［J］. 中国职业技术教育，2023（22）：5-15.

［16］ 李玉静. 新发展格局下增强职业教育适应性：内涵与定位［J］. 职业技术教育，2021，42（13）：1-4.

［17］ 林俊. "十四五"时期我国高等职业教育深化改革的导向、任务与路径［J］. 教育与职业，2022（4）：5-12.

［18］ 刘向杰. 基于大数据的高职院校专业动态调整机制研究［J］. 教育与职业，2021（20）：42-47.

［19］ 宋良玉．新时代工匠精神视域下职业教育"三教"改革路径探析［J］．中国职业技术教育，2020（23）：94－96．

［20］ 宋文广，江琼琴．英、德两国高校教育对我国高等教育的启示［J］．湖北成人教育学院学报，2017，23（3）：1－3，56．

［21］ 王凤辉．高职院校专业建设动态调整机制构建的困境及应对策略［J］．职业教育（下旬刊），2021，20（6）：91－96．

［22］ 王韶华，焦爱萍，熊怡．水利行业人才需求与职业院校专业设置匹配分析研究［J］．中国职业技术教育，2020（5）：22－33．

［23］ 王兆婷．高职院校"三教"改革的逻辑向度与实践进路［J］．教育与职业，2022（12）：103－107．

［24］ 王志凤．"双高计划"院校实施"三教"改革的基本逻辑与行动策略［J］．教育与职业，2021（16）：61－64．

［25］ 吴宝明．产教融合视野下高职院校"三教"改革［J］．教育与职业，2021（6）：51－54．

［26］ 吴秀杰，张蕴启．"双高计划"背景下高职"三教"改革的价值、问题与路径［J］．教育与职业，2021（9）：11－18．

［27］ 徐国庆．基于知识关系的高职学校专业群建设策略探究［J］．现代教育管理，2019（7）：92－96．

［28］ 闫志利，郭孟杰．自主与约束：职业院校专业调整的行动逻辑［J］．职业技术教育，2023，44（19）：53－59．

［29］ 杨蕾．职业教育创新发展高地建设背景下专业结构调整路径研究［J］．职业教育研究，2022（11）：52－57．

［30］ 杨治平．中美高校学科专业调整机制比较［J］．大学（学术版），2011（5）：81－85，80．

［31］ 杨濯．高职院校专业动态调整机制构建的基础及有效策略［J］．职业技术教育，2015（32）：8－11．

［32］ 尹华丁，李红莉．国外经验对我国高职专业动态调整机制建设的启示［J］．现代职业教育，2019（30）：28－29．

［33］ 张旭刚．高职教育供给侧结构性改革的四维透视：逻辑、内涵、路径及保障［J］．职教论坛，2016（28）：57－61．

［34］ 赵京岚，邱以亮．立足职业教育创新发展高地 多维协同构建专业动态调整机制［J］．中国职业技术教育，2020（11）：66－71．

［35］ 中华人民共和国国民经济和社会发展第十四个五年规划和2035年远景目标纲要［N］．人民日报，2021－03－13（1）．

［36］ 沈建根．中国职业教育集团化办学发展研究报告［M］．杭州：浙江大学出版社，2015．